高等学校教材

化学教学理论与方法

金城 李佑稷 李志平 主编

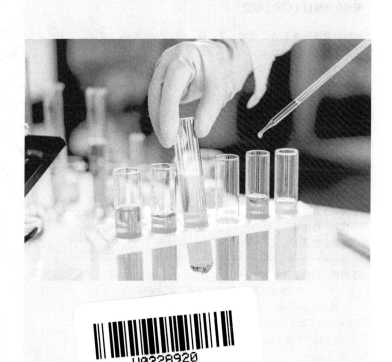

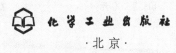

化学工业出版社

·北京·

内容简介

《化学教学理论与方法》是根据"培养适应基础教育新课程改革高素质专业化教师队伍为宗旨"的专业目标，基于核心素养教育的"育人目标体系"，以及吉首大学师范教育实习基地相关专家的教育教学研究成果编写。全书共八章：第一章简要地介绍了课程的教学目标、内容构成以及学习方法；第二章根据化学课程标准，进行了理论分析（解释）与案例研究；第三章～第五章在教育教学理论的指导下，探讨了课堂教学应该遵循的原则，采用的方法、手段，教学设计的理论与方法及课堂教学组织与实施；第六章、第七章讨论了教师说课、评课及教育教学研究的理论依据和实现路径；第八章依据教育实习基地几位专家的成长经历，探讨化学教师的职业素养发展。

《化学教学理论与方法》可以作为高等师范院校化学（师范）专业"学科教育课程"的教材，也可以作为新入职教师、中学化学教育与教学研究人员的参考书。

图书在版编目（CIP）数据

化学教学理论与方法 / 金城，李佑稷，李志平主编. —北京：化学工业出版社，2022.6
ISBN 978-7-122-41041-2

Ⅰ.①化… Ⅱ.①金…②李…③李… Ⅲ.①化学教学-教学研究-高等学校 Ⅳ.①O6

中国版本图书馆 CIP 数据核字（2022）第 048204 号

责任编辑：马泽林　徐雅妮
文字编辑：黄福芝
责任校对：杜杏然
装帧设计：李子姮

出版发行：化学工业出版社
　　　　　（北京市东城区青年湖南街 13 号　邮政编码 100011）
印　　装：北京科印技术咨询服务有限公司数码印刷分部
787mm×1092mm　1/16　印张 8¼　字数 193 千字
2022 年 9 月北京第 1 版第 1 次印刷

购书咨询：010-64518888
售后服务：010-64518899
网　　址：http://www.cip.com.cn
凡购买本书，如有缺损质量问题，本社销售中心负责调换。

定　　价：35.00 元　　　　　　　　　版权所有　违者必究

编写人员

主　编　金　城　李佑稷　李志平

副 主 编　陈秀坪　何俊彪

参编人员

金　城　李佑稷　李志平　陈秀坪

何俊彪　熊　辉　唐　石　汤森培

前言

习近平总书记在全国教育大会上强调，要在党的坚强领导下，坚持社会主义办学方向，立足基本国情，遵循教育规律，坚持改革创新，培养德智体美劳全面发展的社会主义建设者和接班人。《关于全面深化课程改革 落实立德树人根本任务的意见》和《普通高中化学课程标准（2017 年版）》的修订和实施，标志着我国基础教育将要进入一个崭新的课程改革时代，意味着高等师范院校更要注重承担培养和塑造优秀教师的责任。

"化学教学理论与方法"是研究化学教育教学规律及其应用的一门课程，是高等院校化学（师范）专业学生的必修课程之一。该课程开设的目的是使本科生掌握化学教学理论的基础知识和化学教学的基本技能，培养他们从事中学化学教学工作和进行化学教育研究的初步能力。目前，化学学科教育研究已取得诸多成果：适应科学教育发展的需求，变革化学课程结构与组织形态；优化课程内容体系，实现化学教材编制的多样化；革新化学课程内容的呈现方式，促进学生有效学习；强化评价的激励作用，实现全面的化学课程评价体系等。当今，我国教师教育正在从数量扩展转向质量提高，未来教师将在新课程实施中实现自身专业化发展，各国都在努力提升教师的教育理论和教学能力。

作为研究中学化学教学规律及其应用的一门课程的教材，《化学教学理论与方法》首先应具有一定的"理论性"，所以，课程的教材建设必须将教学理论、学习理论、系统理论作为建设的基础，这是教材与课程建设的灵魂；同时，教材与课程建设也要强化其"师范性"，以培养与提升师范生的教育教学能力；还需要及时把化学基础教育实践中产生的新经验和面临的新挑战吸纳到课程内容之中，让本专业的学生接受与认知这些经验和问题，才能使师范生的能力培养得到保障。

笔者对《化学教学理论与方法》教材的定位、创新与特色等众多问题进行了充分研讨，力图适应课程改革的要求，在新的历史时期落实立德树人的根本任务，改进和完善化学教育专业师范生的知识结构，使其形成科学的教学思想和教学观念，具备一定的教学、教育科研能力，从而推动基础教育化学课程建设与改革。本教材特色如下：

1. 凝练学科核心素养。发展核心素养是党的教育方针的具体化、细化。为了建立核心素养与该课程的联系，充分挖掘化学师范类课程教学对发展素养教育的独特育人价值，明确学生学习该课程后应达到的正确价值观、必备品格和关键能力，对三维（核心素养）目标进行了整合，明确内容要求，并且用于指导教学设计，提出课程评价和教学研究的新思路与方法。

2. 更新教学内容。进一步精选了化学教学理论与方法的学科内容，重视以学科大概念为核心，使课程内容结构化；以主题为引领，使课程内容情境化，促进学科核心素养的落实。此外，有机融入学科最新研究成果，旨在培养社会所需要的化学教师，担当起育人的重任。

3. 注重理论联系实际。突出了教师教育职前培养阶段的特点，以教师专业化作为课程改革的价值取向，注重与教育内容、教学方法及教学实际的衔接，切实加强对师范生教学实践技能的培养和训练。

本书由金城、李佑稷、李志平主持编写。全书由金城负责章节修改、统稿，李佑稷负责审核、定稿工作。具体编写分工为：金城编写了第一章、第四章和第五章；陈秀坪（花垣县边城高级中学）编写了第二章和第八章；李志平编写了第三章并参加了教材的前期策划及教材框架体系的确定；何俊彪（保靖民族中学）编写了第六章和第七章；熊辉协助主编做了文稿订正、文献查阅、目录编写等工作；唐石、汤森培提供了部分写作资料和修改建议。

本书的编写，参考引用了大量文献资料，在此对文献作者表示诚挚的谢意。

由于水平有限，书中难免存在疏漏，敬请读者批评指正。

编　者

2022 年 1 月

目录

第三章　化学教学原则和常用方法

第四章　化学教学设计的理论与方法

第五章　化学课堂教学组织与实施

第六章　说课及评课的基本方法

第七章 化学教育研究的理论和方法

第八章 化学教师的职业素养发展

第一章 概述

1

第一节 化学教育的发展与基础教育化学课程的变革

一、化学教育的发展

自英国科学家罗伯特·波义耳于16世纪中叶将"化学"确定为科学,"化学"已经有四百余年的发展历史。作为自然科学的一个重要分支,已发展成为一门与人类社会、国计民生、科学技术有紧密关系的科学。因此,现代化学已成为许多自然科学领域的科学基础,化学对工农业生产、科学研究领域都有重大的贡献。化学作为一门学科在学校教育体制中设置,与化学科学既有联系又有区别。学科的形成和发展是受科学本身与相应的教育教学活动制约而发生、发展的;学科的主要任务在于把公认的科学概念、基本原理、规律和基本事实教给学生,并能反映这门科学研究的最新成果;化学学科作为育人的载体,通过育人传承化学科学,通过创新推动化学科学的发展。所以说,化学是一门承上启下的自然学科,是一门社会迫切需要且与生命、材料、环境、能源、核科学等有紧密联系、相互交叉和渗透的中心学科。

早期的化学教育,是一些化学家在自己科学研究和化学知识的传承中无意识地进行的。比如,近代化学教育奠基人德国科学家李比希(J.V.Liebig),他创造了一种让学生在学习讲义的同时进行相关专题实验,完成规定课程后在其指导下进行不同课题研究实验的教学方法,培养了一批对化学科学作出重大贡献的化学家。早期的化学教育,主要依附于化学学科研究与知识而运作,缺乏独立性、系统性以及规范性。

近代的化学教育,在我国仍然以化学家与化学教师为主,在西方则因教育家及心理学家的参与而影响很大。20世纪50年代末,在美国兴起科学教育改革运动,代表人物杰罗姆·S·布鲁纳在《教育过程》一书中,首先提出了教育教学"教什么"和"如何教"等问题。他认为,让学生具有继续学习的能力,应该教给学生各学科的基本结构,而教学方法应该运用发现法、探究法。在西方教育改革的过程中,先后形成以"学科为中心"的理论流派和以"社会问题为中心""学生发展为中心"的理论流派,并将能力培养和科学方法训练作为中学教育的教学目标,其核心思想是从以传授化学基础知识、基本技能为中心的中学化学教育逐渐转化为培养学生综合能力的化学教育。

现代的化学教育已经从"化学中的教育"和其后的"通过化学进行教育"的观念或教育模式,演进为"有关化学的教育"。化学教育的主题已演进为"化学为大众""国民的化学要解决国民的问题"。化学教育，尤其是大学前打基础的化学教育，如果不关注有关生存与发展的诸多社会问题，而仍局限于学术中心的狭隘理念，则会使学生对化学学习失去兴趣，导致学生认为学习化学今后用不上，或不会运用的结果，从而阻碍化学科学的发展。为此，需要革新化学教育观念（价值观、质量观和学生观），制定先进的化学教育总目标，启动新的课程改革。

二、基础教育化学课程的变革

1. 我国基础教育化学课程改革的背景和进展

科学教育是教育事业的重要组成部分，科学教育可简要地表述为传授科学、技术及人文伦理的教育。其目的在于增进学生对相关知识的理解、养成良好的思维习惯。科学教育可以概括为培养全体国民的科学知识、科学态度、科学方法及科学精神的过程。化学教育作为科学教育的组成部分，必定要体现科学教育的发展和理念，落实科学教育与人文教育相互渗透的发展方向。

现代自然科学教育改革的主要任务就是对学生进行科学教育。随着科学技术与社会的关系越来越密切，国民科学素养水平的高低已成为衡量一个国家经济发展水平、国家竞争力强弱的重要因素。因此，进入21世纪，世界上很多国家都把培养和提高国民的科学素养作为科学教育改革的根本目标。

什么是科学素养？目前东西方教育界对此有多种说法。按国际上对公众科学素养调查建议的内容，公众的科学素养应该包括三个方面的内容：一是对科学术语和概念的基本了解；二是对科学研究过程和方法的基本了解；三是对科学、技术与社会相互关系的基本了解。简言之，公众科学素养的基本要求是：理解科学本身，理解科学对社会的影响。综合多种观点，我们对科学素养给出界定：科学素养不仅仅是所受教育程度高低的象征，还是现代社会中人类普遍文明的标志，这种素养不再局限于书本上的知识和技能，更重要的是人们对自然和社会的态度，人们运用科学技术促进社会可持续发展的能力。

近年来，国际理科课程改革的主流是科学素养教育，各国十分重视培养中学生可持续的学习能力和其未来的职业发展，将"科学、技术、社会与环境"的相互关系纳入课程范畴，"科学为大众"的理念日益深入人心，教育的视野从培养少数人成为科学家转为面向全体学生。西方发达国家先后开发的"社会中的化学""索尔特化学"等课程，都反映了培养和提高学生科学素养的教育理念。国际科学教育理论界对以培养学生的科学素养为核心的科学教育理论，形成了前所未有的高度共识。2000年，我国教育部也正式颁布了《基础教育课程改革纲要》。这些内容共同构成中学化学新课程改革的宏观背景和政策基础。

我国基础教育化学课程改革进程：

2001年，颁布《全日制义务教育化学课程标准（实验稿）》。

2003年，颁布《普通高中化学课程标准（实验）》。

2014年，印发《教育部关于全面深化课程改革落实立德树人根本任务的意见》。

2017年底，教育部颁布《普通高中化学课程标准（2017年版）》。

随着新课程改革的不断推进，21世纪的基础教育化学课程改革从文本课程正式转入实践课程，从设计者的课程转化为教师的课程和学生的课程。

目前为止，义务教育课程标准《化学》教科书全国共有五个版本的教材，高中化学课程标准《化学》教科书全国共有三个版本的教材。这些教材分别在全国不同的省、市、自治区使用。

2. 我国基础教育化学课程改革的方向

面对经济、科技的迅猛发展和社会生活的深刻变化，面对新时代对提高全体国民素质和人才培养质量的新要求，面对我国高中阶段教育快速发展的新形势，2013年，教育部启动了普通高中课程修订工作。

为了贯彻党的"落实立德树人根本任务"的教育方针，我国教育部颁布了基于"核心素养"，从而培养"全面发展的人"的基础教育育人目标体系。

当前，我国基础教育的课程改革是一次全面而深刻的教育改革，它涉及三个层面：课程内涵的丰富，课程理念的演进和课程制度的变迁。其中，课程理念的演进是课程变迁的深层动因，在教学改革中起关键和先导作用的是课程和教材。我国当前基础教育课程改革，依据核心素养教育的"育人目标体系"，在指导课程体系设计、引导学生学习、指导教育评价、指导教师教学实践、引领教师专业发展等方面，对传统课程模式进行了根本性的变革。从属于基础教育的义务教育化学课程和普通高中化学课程，其改革的宗旨是"落实立德树人根本任务、着力发展学生的学科核心素养"，课程改革的终极目标是"为了每位学生的全面发展"。

当代科学教育的改革出现了加强课程的跨学科和提高学习的综合化程度的新趋向。目前，学校教育中的化学课程也一改过去重视学科体系、重视概念原理、重视学术价值的做法，呈现出从注重学术性的化学课程转变为普及性的化学课程，注重建立核心素养与课程教学内容的内在联系，从以课堂学习为主的化学课程转变为注重与实践相结合的化学课程，确保学生学习该学科课程后具有正确价值观念、必备品格和关键能力，重视挖掘学科课程教学发展素质教育的独特育人价值，加强科学与人文之间的交叉和联系，并引入STSE［科学（science），技术（technology），社会（society），环境（environment）］教育用于提高学生的学科核心素养。

第二节 "化学教学理论与方法"课程的性质和基本要求

一、课程的性质

"化学教学理论与方法"是为培养高等师范院校化学（师范）专业的学生适应当前中学素质教育课程改革的需要而开设的一门专业必修课程，是本专业的学生运用教育教学理论养成化学教学技能的专业课程，是一门从教育教学的角度培养合格化学教师的专业课程。

化学教学活动是化学教师的教学与学生的学习，教学主体与媒体，以及化学教学自身与教学环境之间的多向、多层面的交互作用。本课程是以广大化学教师及教育科研人员的宝贵经验为基础，经过理论概括，充实和发展起来的一门课程。从系统论的观点分析，本课程就是研究构成中学化学教学的诸要素——教师、学生、教学内容和教学手段的各自作用、相互联系及其统一。所以说，"化学教学理论与方法"是一门集化学学科知识、教育心理学知识、教学理论知识的融合课程；是一门植根于化学与教学之中发生、发展的课程；是一门依随启智、益智、育人和笃行的教育规律，在化学教育的实践活动中形成和发展起来的综合课程。

作为研究化学教学规律及其应用、培养和造就合格化学教师的课程，以教育学、心理学和化学专业基础课程为先修课，它是具有很强的思想性、师范性、理论性和实践性的化学师范专业教育课程。

课程的"思想性"主要指我们以什么样的教学思想和科学方法论培养、教育人，这是作为教师首先必须明确的问题。随着科技的发展、社会的进步，对人才素质的要求越来越高。化学教育必须为现代化建设服务，必须培养富有创新精神、全面发展的高素质人才。所以，必须让未来的化学教师树立培养"全面发展的人"的教育观念和正确的职业道德观念，养成良好的科学态度、科学方法，为其将来从事教育工作打下良好的思想基础。课程的"师范性"主要是指作为教育专业的必修课程，其性质是为基础教育培养合格的中学化学教师，也就是教导师范生既做"人师"（道德模范）又做"经师"（有学问）；并进行职业定向培养和教育。课程的"理论性"主要指课程内容层面的性质，即化学学科的特点和规律、化学教学原理、化学教学策略以及化学教学研究等理论性知识。课程的"实践性"主要指在教学过程中，课程的学习要紧密结合中学化学当前新课程的教学实际，以及自身的学习体验，同时教学理论与技能的养成要通过观摩见习、模拟试教、讲评等实践活动，为师范生提供必需的化学教师基本功的学习和实践训练以及探究、体验和反省的机会。从而使师范生通过实际的教学过程去体验、建构化学教学理论和教学技能。

明确课程的"四性"，就是使师范生在学习本课程的基础知识与基本技能时要用融合的观念展开进行，努力做到以思想性为先导，以师范性为目标，以理论性为指导，以实践性为基础。

二、课程的基本要求

21 世纪社会的发展、科技的进步都有赖于全民教育质量的不断提高。人们常说，振兴民族的希望在教育，振兴教育的希望在教师。从教师职业素养而论，能够胜任这项工作也不是一件容易的事情。所以，作为一名师范生，要成为合格的中学化学教师必须进行严格的专业训练。

本课程的基本要求是，以正确的教育思想以及科学认识论和方法论来指导化学教学理论的学习；以一个化学教师的身份和要求，评价自己的理论与技能学习；以教育教学理论指导自己的教学技能训练活动；通过学习实践，将化学教学理论和技能内化为师范生的理念和知识，并形成具有解决教学实际问题的能力。

师范院校虽然提出要重视教师的职业技能训练，但是长期占主导的是重视教师的学历教育。当前，教师职业培养主要存在以下问题：第一，教师职业技能的培养目标、任务不明确。由于高校将各专业的设置下放到院系，各院系在编制师范生的人才培养方案时，限于人力和方案制定者的知识结构差异，不能有目的、有计划地落实教师职业技能训练的任务。第二，教师职业技能训练课程体系不合理，设置偏弱，教师教育仅限于教育学、心理学、学科教学论三门课程，辅之一个月有余的教育实习，以往的学科教学论教材，其内容编排"理论性"多于"实践性"，"学术性"大于"师范性"，导致课程学习完成后，师范生并没有形成能联系中学教学实际的教学能力。第三，基础教育推行新课程改革十多年，目前高校开设学科教学论仍沉湎于"理论性"和"学术性"中，不能很好地体现基础教育新课程的课程理念、教育思想、评价方法。加大教师职业技能训练的力度和有效度，突出化学师范教育的特色和专业性，是适应当前基础教育新课程改革的迫切需要。

毋庸置疑，要成为合格的化学教师，首先要具备一定的化学专业基础知识。如果一个教师只熟知专业课程，但没有传授知识的方法和手段，不具备在知识建构的过程中对学生进行观念教育和科学方法训练的技能，那么就不是一名合格的教师。也就是说，从事教师职业与从事其他职业一样，都需要具有从事这门职业的专门技能。

教师职业技能是指教师在教学过程中，运用教学的相关理论知识和策略促使学生学习，达成教学目标的一系列行为方式。它是教师完成教学任务的基本保证。教师的职业技能不是一蹴而就的，它需要长久的学习和训练才能养成。作为一名师范生，必须狠抓当前，掌握和领会化学教学理论的基础知识，养成和内化化学教学理论的基本技能。

作为化学师范专业的必修课程，这门课程质量的高低，将直接影响中学化学师资的质量。通过本课程的学习，能使化学（师范）专业的学生在知识储备阶段接受最基本的教育专业理论和实践知识教育，缩短合格教师的养成时间。化学（师范）专业的学生，在扎实的专业知识基础上学好教育课程和本课程，提高教育兴趣和技能，培养自身教学能力、确保完成严格的教育实习训练，争取在毕业时成为一名合格的化学教师。

第三节　"化学教学理论与方法"课程的目标、任务与学习策略

一、课程目标

化学教学是实现化学教育的基础和路径。"化学教学理论与方法"的课程设置必须符合高等师范专业人才培养的总目标——为基础教育培养合格的师资人才。其课程目标是：使本专业学生树立先进的教育理念，理解并掌握化学教学的基本原理，获得从事中学化学教学工作和进行化学教学研究与评价的初步能力，从而造就合格的基础教育的化学教师。"化学教学理论与方法"的课程目标，可以具体地分化为化学教学基础知识，化学教学基本技能，化学教学能力和教学研究能力以及化学教师职业发展四个方面的目标，通过学习与训练使化学（师范）专业的学生在这些方面得到均衡和谐的发展。

二、课程任务

本课程的基本任务是，从理论和观念上帮助化学（师范）专业学生形成先进的化学教育思想和观念；从知识上帮助学生认知化学教学的基本特征、基本原理与规律；从技能上帮助学生掌握基本的教学技能从而形成化学教学研究的初步能力，养成热爱化学教育的专业情感。

三、学习策略

作为本课程学习主体的师范生，在学习本课程之前，已积累了较丰富的化学学科基础知识和教育理论知识，有较强的自主学习能力，对不同的教学方法导致学习成效的差异有切身体验。从以上化学（师范）专业学生的特点出发，结合本课程知识的交叉特性，以及课程学习的"四

性"等特点，提出如下学习策略。

1. 站在化学教师的角度，增强学习的主动性

本课程的师范性和实践性，以及对教师专业素质的要求和发展的需要，都要求师范生端正学习态度，从化学教师的角度去督促自己的学习，结合当前基础教育新课程改革的实际状况主动学习。只有充分重视、发挥自己的主观能动性，才能最有效地构建教学理论知识，养成教学技能，适应当前变革的基础教育环境。

2. 转变思维方式，增强学习的适应性

本课程是化学学科与教育学科相交叉的一门综合课程，其研究方法和学习方法兼具自然科学和人文科学的特点。化学教学活动既是一种科学教育也是一种人文教育，所以学习思维方式要体现课程的特点，向科学与人文相融合的方向发展。这种情况下，要求在学习本课程的同时，在坚持课程的基本理论和基本方法的同时，还要不断吸收十多年来基础教育改革的新观点、新成果，主动参与教学实践，更好地提高自己的教学能力和理论水平。

3. 理论结合实践，强化学习的针对性

将基本理论应用于具体的教学设计和试教活动。只有通过亲身实践，才能深刻领会和掌握教学理论的本质。当我们在教学理论的指导下，分时分段进行课题教学设计、教学情境创设、案例研讨、模拟试教、教学见习、教学调查、教育实习等活动，才有成为化学教师的真实感受，才能在实践活动中培养、训练、提高自己的教学技能，只有反复训练，才能将理论、原理、知识转化为技能，从而真正了解、掌握其规律，成为一名合格的化学教师。

4. 动态发展原则，突出学习的阶段性

师范教育的最终目标就是为基础教育培养合格的教师。所谓合格是一个相对概念，是指在一定时期、具体学校内的合格，绝对的合格是一个动态的目标。教师的教学能力不是一朝一夕养成的，不是在学习某门课程之后就可以完全掌握的，教学能力的养成与发展始终要坚持训练。教师教学能力形成的这种长期性，决定了其不可能通过一门课程的学习、某几个阶段的训练立竿见影，决定了教师教学能力的养成必须遵循动态发展的原则。因此，化学师范学习阶段，只是化学教师个体职业化过程的第一阶段，是合格教师成型的储备期。

作为教师成型储备期的子阶段，学习的过程也可以分成三个阶段。第一阶段：通过接受学习、主动学习来感知、接受教学理论。一般是通过课堂学习、师生讨论、自学活动等方式感知教学理论，并在教师讲授、案例研究等情境中接受、理解教学理论。第二阶段：通过体验学习、见习学习将教学理论运用于实践活动。并运用相关教学理论对案列进行分析与评价。通过这个阶段的学习，可以进一步领会教学理论，实现将知识由抽象到具体的联系与迁移，从而使教学理论的学习发生"质"的飞跃。第三阶段：通过研究学习、应用学习将教学理论用于分析指导、设计相应的教学课题，使教学理论能研究、指导具体的教学实践活动。这一阶段是化学教学理论的迁移阶段，是实现教学理性认识到教学实践的飞跃阶段，是教学理论、教学技能、教学能力协同发展的阶段。

本课程的学习，将为化学（师范）专业的学生成长为合格的中学化学教师打下坚实的基础。因此，我们必须在化学理论的学习、教学能力的培养、教学技能的养成、研究能力的形成、专业发展素养的提高等方面进行努力，缩短成为合格化学教师的时间，"德高为师，身正为范"，愿同学们认真学好"化学教学理论与方法"课程，早日成为一名光荣的化学教师！

参考文献

[1] 刘知新. 化学教学论[M]. 5 版. 北京: 高等教育出版社, 2018.
[2] 刘知新, 王祖浩. 化学教学系统论[M]. 南宁: 广西教育出版社, 1996.
[3] 王克勤. 化学教学论[M]. 北京: 科学出版社, 2006.
[4] 黎意敏, 陈博. 化学师范生教学设计的评价研究——以广州市某高校为例[J]. 化学教育, 2020, 41(10): 54-60.
[5] 孙明月. 如何提高化学专业师范生的教学技能[J]. 西部素质教育, 2019, 5(2): 206.
[6] 邓洁兰, 杨一思. 利用课例研究提高化学师范生探究式教学能力初探[J]. 黄冈师范学院学报, 2019, 39(3): 84-88.

第二章　化学课程标准解读

第一节　化学课程标准的总体目标与基本特征

一、化学课程标准简介

　　课程标准是国家确定一定学段的课程水平及课程结构的纲领性文件；是教材编写、教学、评估和考试命题的依据，体现国家对不同阶段的学生在知识和技能、过程和方法、情感态度与价值观等方面的基本要求，规定各门课程的性质、目标、内容框架，提出教学和评价的建议；是规定某一学科的课程性质、课程目标、内容目标、实施建议的教学指导性文件。课程标准与教学大纲相比，在课程的基本理念、课程目标、课程实施建议等几部分进行了详细、明确的阐述，特别是提出了面向全体学生的学习基本要求。

　　化学课程标准除规定化学课程目标外，还以具体的行为描述制定了每一学段共同的、统一的最基本的教学要求。因此，在进行化学教学设计时，要准确把握化学课程标准的要求，充分利用内容标准中的活动及探究建议、学习情境素材等内容，详细分析学生在经历某一课题学习后所应达到的基本要求，并将基本要求和学生已有的基础知识、基本技能相结合，在学生的最近发展区间内制定教学目标、确定学习内容、选择教学策略、创设教学情境、确定教学媒体、设计教学活动及评价内容。只有对化学课程标准进行深入分析研究，才能使教学设计更好地把握教学要求，体现课程宗旨，提高教学质量。

　　新的化学课程倡导从学生和社会发展的需要出发，发挥学科自身的优势，将科学探究作为课程改革的突破口，激发学生的主动性和创新意识，促使学生积极主动地学习，使获得化学知识和技能的过程也成为理解化学、进行科学探究、联系社会生活实际和形成科学价值观的过程。

二、化学课程标准的总体目标

　　国家对中学科学教育不同阶段的要求不同，提出的化学课程目标也有差异。但基本特征包括以下几点。

1. 立足知识和技能目标

化学课程内容标准中的基础知识包含核心的化学概念、基本的化学原理、重要的化学事实以及化学应用等。我国的中学化学课程历来重视基础知识。目前全国推广的义务教育化学课程标准和高中新课程标准通过限定学习行为，从而更具体、更明确地描述了基础知识的内容和目标要求。

2. 突出科学探究目标

化学是科学的一个分支，它具有科学活动的特点。一般科学探究活动的基本程序包括提出问题、搜集证据、寻求解释、评价反思、交流发表。其活动过程见图2-1。

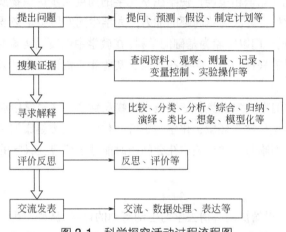

图2-1 科学探究活动过程流程图

通过这一探究学习，学生可以：

① 认识科学探究的意义和基本过程；

② 提出问题，作出假设，制定学习和探究计划；

③ 初步学会观察、实验等的基本操作技能；

④ 通过多种途径获取信息，能用文字、图表和化学语言表述有关的信息，能进行简单的化学计算；

⑤ 初步学会运用比较、分类、分析、综合、归纳、演绎等思维方法对获取的信息进行加工；

⑥ 主动与他人进行交流和讨论，反思与评价学习的过程与结果，清楚地表达自己的观点。

3. 重视情感态度与价值观目标

情感态度与价值观作为新课程的三个维度目标之一，是化学新课程改革的一个突出特点。高中化学新课程标准对教学中学生应形成的情感态度与价值观的规定有：发展学习化学的兴趣，乐于探究物质变化的奥秘，体验科学探究的艰辛和喜悦，感受化学世界的奇妙与和谐等。这一目标的宗旨是：引导学生从"听化学"向"做化学"转变，从"记化学"向"探究化学"转变。学生只有通过"做化学""探究化学"，在"做科学"的探究实践中培养创新精神和实践能力，科学素养才有可能得到主动的发展。

三、义务教育化学课程标准的基本特征

义务教育阶段的化学教育，要激发学生学习化学的好奇心，引导学生认识物质世界的变化规律，形成化学的基本观念；引导学生体验科学探究的过程，启迪学生的科学思维，培养学生的实践能力；引导学生认识化学、技术、社会、环境的相互关系，理解科学的本质，提高学生的科学素养。

1. 课程性质的基本特征

（1）基础性　义务教育阶段的化学课程是科学教育的重要组成部分。要为学生提供未来发展所需要的最基础的化学知识和技能，使学生从化学的角度初步认识物质世界，提升学生运用化学知识和科学方法分析、解决简单问题的能力，为学生的发展奠定必要的基础。

（2）探究性　化学是一门以实验为基础的学科，在教学中创设以实验为主的科学探究活动，有助于激发学生对科学的兴趣，引导学生在观察、实验和交流讨论中学习化学知识，提升学生的科学探究能力。

（3）责任性　化学的发展为人类创造了巨大的物质财富，在教学中应密切联系生产、生活实际，引导学生初步认识化学与环境、化学与资源、化学与人类健康的关系，增强其对自然和社会的责任感，使其在面临与化学有关的社会问题时能做出理智、科学的思考和判断。

2. 课程理念的基本特征

（1）志向性　使学生以愉快的心情去学习生动有趣的化学，激励学生积极探究化学的奥秘，增强学生学习的兴趣和学好化学的信心，培养学生终身学习的意识和能力，树立为中华民族伟大复兴和社会进步而勤奋学习的志向。

（2）平等性　为每一个学生提供平等的学习机会，使他们都能具备适应现代生活及未来社会所必需的化学基础知识、技能、方法和态度，都能在原有基础上得到发展。

（3）实际性　注重从学生已有的经验出发，让他们在熟悉的生活情景和社会实践中感受化学的重要性，了解化学与日常生活的密切关系，逐步学会分析和解决与化学有关的一些实际问题。

（4）体验性　让学生有更多的机会主动地体验科学探究的过程，在知识的形成、相互联系和应用过程中培养学生的创新精神和实践能力。

（5）认识性　为学生创设体现化学、技术、社会、环境相互关系的学习情景，使学生初步了解化学对人类文明的巨大贡献，认识化学在促进人类和社会可持续发展方面所发挥的重大作用，相信化学必将为创造人类更美好的未来做出重大的贡献。

（6）多样性　为每一个学生的发展提供多样化的学习评价方式。

3. 课程设计思路的基本特征

本标准包括课程理念、课程目标、内容标准和实施建议四个部分（见图2-2）。

① 课程标准重点，是以提高学生的科学素养为主旨，重视科学、技术与社会的相互联系，倡导多样化的学习方式，强化评价的诊断、激励与发展功能。

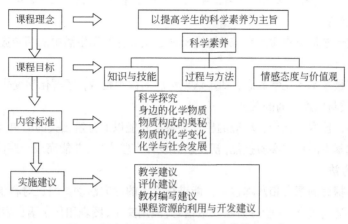

图 2-2　义务教育化学课程标准的体系组成

② 通过知识与技能、过程与方法、情感态度与价值观三个维度体现化学课程对学生科学素养的要求，据此制定义务教育阶段化学课程目标和课程内容，提出课程实施建议。

③ 依据学生全面发展的需求选择化学课程内容，力求反映化学学科的特点，以"科学探究""身边的化学物质""物质构成的奥秘""物质的化学变化"和"化学与社会发展"为主题，规定具体的课程内容。这些内容是学生终身学习和适应现代社会生活所必需的基础知识，也是对学生进行科学方法和价值观教育的载体。

④ 科学探究是一种重要而有效的学习方式，在义务教育化学课程内容中单独设立主题，明确地提出发展科学探究能力所包含的内容及要求。

在"内容标准"中设置了"活动与探究建议"，旨在转变学生的学习方式，突出学生的实践活动，培养创新精神和实践能力。

⑤ 为帮助教师更好地理解"内容标准"、实施课堂教学，在"内容标准"的相关主题中设置了许多"可供选择的学习情景素材"，教师可利用这些素材来创设学习情境，充分调动学生学习的主动性和积极性，帮助学生理解学习内容，引导学生理解人与自然的关系，认识化学在促进社会可持续发展中的重要作用。

⑥ 对课程目标要求的描述所用的词语分别指向认知性学习目标、技能性学习目标和体验性学习目标。按照学习目标要求设有不同的水平层次，采用一系列词语来描述不同层次学习水平的要求。其中，认知性目标主要涉及比较具体的知识内容，体验性目标主要涉及情感态度与价值观内容。

4. 课程目标的基本特征

义务教育阶段的化学课程以提高学生的科学素养为主旨，激发学生学习化学的兴趣，帮助学生了解科学探究的基本过程和方法，发展科学探究能力，获得进一步学习和发展所需要的化学基础知识和基本技能；引导学生认识化学在促进社会发展和提高人类生活质量方面的重要作用；通过学习，培养学生的合作精神和社会责任感，培养学生的民族自尊心、自信心和自豪感；引导学生学会学习、学会生存，能更好地适应现代生活。

通过义务教育阶段化学课程的学习，学生主要在以下三个方面得到发展。

（1）知识与技能

① 认识身边一些常见物质的组成、性质及其在社会生产和生活中的初步应用，能用简单的化学语言予以描述；

② 形成一些最基本的化学概念，初步认识物质的微观构成，了解化学变化的基本特征，初步认识物质的性质与用途之间的关系；

③ 了解化学、技术、社会、环境的相互关系，并能以此分辨相关的简单问题；

④ 初步形成基本的化学实验技能，初步学会设计实验方案，并能完成一些简单的化学实验。

（2）过程与方法

① 认识科学探究的意义和基本过程，能进行简单的探究活动，增进对科学探究的体验；

② 初步学习运用观察、实验等方法获取信息，能用文字、图表和化学语言表述有关的信息；初步学习运用比较、分类、归纳和概括等方法对获取的信息进行加工；

③ 能用变化和联系的观点分析常见的化学现象，说明并解释一些简单的化学问题；

④ 能主动与他人进行交流和讨论，清楚地表达自己的观点，逐步形成良好的学习习惯和学习方法。

（3）情感态度与价值观

① 保持和增强对生活和自然界中化学现象的好奇心和探究欲望，发展学习化学的兴趣；

② 初步建立科学的物质观，增进对"世界是物质的""物质是变化的"等辩证唯物主义观点的认识，逐步树立崇尚科学、反对迷信的观念；

③ 感受并赞赏化学对改善人类生活和促进社会发展的积极作用，关注与化学有关的社会热点问题，初步形成主动参与社会决策的意识；

④ 增强安全意识，逐步树立珍惜资源、爱护环境、合理使用化学物质的可持续发展观念；

⑤ 初步养成勤于思考、敢于质疑、严谨求实、乐于实践、善于合作、勇于创新等科学品质；

⑥ 增强热爱祖国的情感，树立为中华民族伟大复兴和社会进步学习化学的志向。

四、普通高中化学课程标准的基本特征

1. 课程性质基本特征

（1）主体性　是与九年义务教育阶段《化学》或《科学》相衔接的基础教育课程。课程强调学生的主体性，在保证基础的前提下为学生提供多样的、可供选择的课程模块，为学生未来的发展打下良好的基础。

（2）主动性　应有助于学生主动构建自身发展所需的化学基础知识和基本技能，进一步了解化学学科的特点，加深对物质世界的认识；有利于学生体验科学探究的过程，学习科学研究的基本方法，加深对科学本质的认识，增强创新精神和实践能力；有利于学生形成科学的自然观和严谨求实的科学态度，更深刻地认识科学、技术和社会之间的相互关系，逐步树立可持续发展的思想。

2. 课程理念基本特征

（1）**目标融合性** 立足于学生适应现代生活和未来发展的需要，着眼于提高21世纪公民的科学素养，构建与"三个维度"相融合的课程目标体系。

（2）**模块多样性** 设置多样化的化学课程模块，努力开发课程资源，拓展学生选择的空间，以适应学生个性发展的需要。

（3）**理念基础性** 结合人类探索物质及其变化的历史与化学科学发展的趋势，引导学生进一步学习化学的基本原理和基本方法，形成科学的世界观。

（4）**目标实际性** 从学生已有的经验和将要经历的社会生活实际出发，帮助学生认识化学与人类生活的密切关系，关注人类面临的与化学相关的社会问题，培养学生的社会责任感、参与意识和决策能力。

（5）**方法探究性** 通过以化学实验为主的多种探究活动，使学生体验科学研究的过程，激发学习化学的兴趣，强化科学探究的意识，促进学习方式的转变，培养学生的创新精神和实践能力。

（6）**内涵人文性** 在人类文化背景下构建课程体系，充分体现化学课程的人文内涵，发挥化学课程对培养学生人文精神的积极作用。

（7）**评价激励性** 积极倡导学生自我评价、活动表现评价等多种评价方式，关注学生个性的发展，激励每一个学生走向成功。

（8）**教师发展性** 为化学教师创造性地进行教学和研究提供更多的机会，在课程改革的实践中引导教师不断反思，促进教师的专业发展。

3. 课程设计思路基本特征

（1）**设计思路宗旨体现时代性、基础性和选择性** 高中化学课程以进一步提高学生的科学素养为宗旨，着眼于学生未来的发展，体现时代性、基础性和选择性，兼顾学生志趣和潜能的差异和发展的需要。

为充分体现高中化学课程的基础性，设置两个必修课程模块，注重从"三个维度"为学生科学素养的发展和高中阶段后续课程的学习打下必备的基础。在内容选择上，力求反映现代化学研究的成果和发展趋势，积极关注21世纪与化学相关的社会问题，帮助学生形成可持续发展的观念，强化终身学习的意识，更好地体现课程的时代特色。

考虑到学生个性发展的需要，更好地实现课程的选择性，设置具有不同特点的选修课程模块。选修课程模块充分反映了现代化学发展和应用的趋势，以物质组成、结构和反应为主线，重视反映化学、技术与社会的相互联系。

（2）**课程模块选择建议体现了基本要求和灵活性** 学生在高中阶段修满6学分，即在学完化学1、化学2之后，再从选修课程中选学一个模块，并获得学分，可达到高中化学学业水平的毕业考试基本要求。必修课程是每一位学生为达到规定的学业要求必须学习的内容，一般是工具性基础课程，是学习其他知识和能力发展不可缺少的基础。

鼓励学生尤其是对化学感兴趣的学生在修满6个学分后，选学更多的课程模块，以拓宽知识面，提高化学素养。有理工类专业发展倾向的学生，可修至8个学分；有志于向化学及其相关专业方向发展的学生，可修至12个学分。

化学课程标准是普通高校招生化学学科考试的命题依据。化学1、化学2课程模块的内容是高校招生化学考试内容的基本组成部分。普通高校招生化学学科的考试内容对报考不同专业的学生有不同的要求：高中化学学业水平毕业考试只要求学习 3 个模块知识；报考理工类专业的学生，要求学习 4~6 个模块知识。

4. 课程目标基本特征

（1）目标要求用词特征　本标准对目标要求的描述所用的词语分别指向认知性学习目标、技能性学习目标、体验性学习目标，并且按照学习目标的要求分为不同的水平。对同一水平的学习要求可用多个行为动词进行描述，现作如下说明。

① 认知性学习目标的水平（见图 2-3）

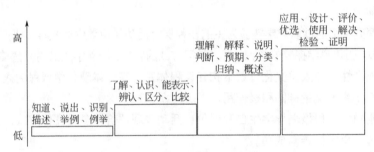

图 2-3　认知性学习目标水平层次

② 技能性学习目标的水平（见图 2-4）

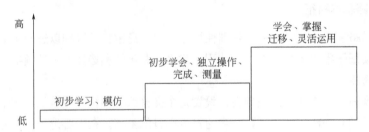

图 2-4　技能性学习目标水平层次

③ 体验性学习目标的水平（见图 2-5）

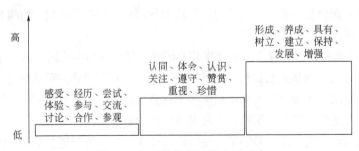

图 2-5　体验性学习目标水平层次

（2）课程三个维度目标要求特征　高中化学设置多样化的课程模块，使学生在以下三个方面得到统一和谐的发展。

① 知识与技能。了解化学科学发展的主要线索，理解基本的化学概念和原理，认识化学现象的本质，理解化学变化的基本规律，形成有关化学科学的基本观念；获得有关化学实验的基础知识和基本技能，学习实验研究的方法，能设计并完成一些化学实验；重视化学与其他学科之间的联系，能综合运用有关的知识、技能与方法分析和解决一些化学问题。

② 过程与方法。经历对化学物质及其变化进行探究的过程，进一步理解科学探究的意义，学习科学探究的基本方法，提升科学探究能力；具有较强的问题意识，能够发现和提出有探究价值的化学问题，敢于质疑，勤于思索，逐步培养独立思考的能力，善于与人合作，具有团队精神；在化学学习中，学会运用观察、实验、查阅资料等多种手段获取信息，并运用比较、分类、归纳、概括等方法对信息进行加工；能对自己的化学学习过程进行计划、反思、评价和调控，提升自主学习化学的能力。

③ 情感态度与价值观。发展学习化学的兴趣，乐于探究物质变化的奥秘，体验科学探究的艰辛和喜悦，感受化学世界的奇妙与和谐；有参与化学科技活动的热情，有将化学知识应用于生产、生活实践的意识，能够对与化学有关的社会和生活问题做出合理的判断；赞赏化学科学对个人生活和社会发展的贡献，关注与化学有关的社会热点问题，逐步形成可持续发展的思想；树立辩证唯物主义的世界观，养成务实求真、勇于创新、积极实践的科学态度，崇尚科学，反对迷信；热爱家乡，热爱祖国，树立为中华民族伟大复兴、为人类文明和社会进步而努力学习化学的责任感和使命感。

第二节　化学课程标准的内容与实施建议

一、义务教育化学课程标准的内容与实施建议

1. 化学课程的内容

具体反映在课程标准中的"内容标准"部分，这一部分包括 5 个一级主题，每个一级主题又由若干个二级主题或单元构成，共有 19 个二级主题。见表 2-1。

表 2-1　义务教育化学课程内容的主题名称

一级主题	二级主题（单元）
科学探究	1.增进对科学探究的理解 2.发展科学探究能力 3.学习基本的实验技能 4.完成基础的学生实验
身边的化学物质	1.我们周围的空气 2.水与常见的溶液 3.金属与金属矿物 4.生活中常见的化合物
物质构成的奥秘	1.化学物质的多样性 2.微粒构成物质 3.认识化学元素 4.物质组成的表示

一级主题	二级主题（单元）
物质的化学变化	1.化学变化的基本特征 2.认识几种化学反应 3.质量守恒定律
化学与社会发展	1.化学与能源和资源的利用 2.常见的化学合成材料 3.化学物质与健康 4.保护好我们的环境

每个二级主题从"标准""活动与探究建议"两个维度对学习内容加以说明。

2. 实施建议

以"我们周围的空气"为例从"标准""活动与探究建议"两个维度说明。见表2-2。

表2-2 课程标准内容说明

标准	活动与探究建议
1.说出空气的主要成分，认识空气对人类生活的重要作用 2.知道氧气能跟许多物质发生氧化反应 3.能结合实例说明氧气、二氧化碳的主要性质和用途 4.初步学习氧气和二氧化碳的实验室制取方法 5.了解自然界中的氧循环和碳循环	①实验探究：空气中氧气的体积分数 ②实验：氧气和二氧化碳的制取和性质 ③辩论：空气中的二氧化碳会越来越多吗？氧气会耗尽吗？ ④实验探究：呼出的气体中二氧化碳的相对含量与空气中二氧化碳相对含量的差异

该单元可供选择的学习情景材料：科学家对空气成分的探究、灯管中的稀有气体、温室效应。

"标准"规定了学习本课程所要达到的最基本的学习要求。对学习要求的描述既着眼于学习的过程，也着眼于学习的结果；既包含了知识与技能的目标，也包含了方法、观念、态度等方面的目标。

"活动与探究建议"中所列举的学生实践活动，为学生自主解决问题提供了课题。但这些活动不要求全盘照搬，在教材编写或教学时可以根据实际情况选择应用，也可以增补更合适的探究活动。

3. 义务教育化学课程的内容变化的特点

每个二级主题还提供了一些可供选择的学习情景材料，为教学设计提供了一定的线索。可以看出，义务教育化学新课程的内容变化有如下特点。

（1）着眼于学生科学素养的提升，以"从生活到化学，从化学到社会"的基本理念组织教学内容

内容标准中的5个一级主题内容的选择，不再单纯依据化学学科的知识系统，而是结合学生已有的经验、社会生活的实际、人与自然的关系、化学学科内容的特点来建构学生发展最需要的、最基础的内容。

"从生活到化学，从化学到社会"这一理念既体现在课程标准的基本理念和课程目标之中，又是基本理念和课程目标在内容上的具体、生动反映。

为了体现这一理念，课程标准在规定教学内容和学习栏目中做了充分的考虑，并安排了大量与生产、生活和科学技术相关联的练习。如，"知道常见酸、碱的主要性质和用途，认识酸、

碱的腐蚀性""知道酸、碱对生命或（和）农作物生长的影响"等知识，把与人类生存相关的问题放在学生面前，使学生初步形成正确、合理使用化学物质的意识，认识化学在社会发展中的重要作用。

（2）将科学探究列为重要的学习方式和学习内容

课程标准中的科学探究是化学课程的重要学习内容，在内容标准中单独设立了主题，在初中化学课程中明确提出了对科学探究的学习要求。同时，科学探究作为一种重要而有效的学习方式，在各个主题的具体内容中都提出了一些具体的探究活动建议，有利于学生学习方式的改变，为切实培养学生的创新精神和实践能力提供了可实现的具体途径。

（3）依据培养科学素养的要求和学生的实际，调整了教学内容

化学知识内容总量减少，增加了化学与 STSE 相联系的学习内容；删除了繁、难、旧的成分，降低了学习要求。

具体调整如下：

① 增加了"胶体""油漆、涂料、黏合剂、食品添加剂"等选学内容和若干实践性强的专题调研活动。增加了学生的活动，新增 4 个选做实验和 3 个专题调研课题。

② 删去了容易造成初中生学习困难的溶解度计算，仅仅保留溶解度概念，对其要求也作了相应的下调。"氧化还原反应""电离""常见酸碱盐的电离方程式"等内容抽象，在初中阶段难以讲清，高中又要重新介绍的内容，也予以删去，共删除 6 处内容。

③ 考虑到初中生的接受能力和必学化学知识的重要性，对"原子的构成""核外电子排布的初步知识""原子结构示意图""化合价""溶液的导电性"等 9 处微观概念的教学要求均作了下调。

对课程内容进行上述调整，深层次的作用是删除与这些内容相关、与应试相连而对学生发展不利的大量的习题训练，其根本目的是让学生更多地进行探究式学习，以促进学生科学素养的提高和全面发展。

二、普通高中化学课程标准的内容与实施建议

1. 课程标准的内容结构

在全体学生达到基本的化学科学素养以后，为了满足学生多样化的发展需要，更好地实现课程的选择性，普通高中化学课程分为必修、选修两个部分。其中，必修课程包括 2 个模块，每个模块为 2 个学分，36 课时；考虑到学生的个性化发展，选修课程设置 6 个课程模块，在提高学生科学素养的总目标下 6 个模块的功能各有侧重，内容的线索有所不同，供不同发展倾向的学生进行选用。各课程模块之间的关系见图 2-6。

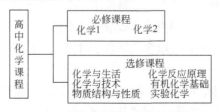

图 2-6　高中化学课程模块结构

2. 各课程模块的目标和内容简介

化学 1、化学 2：认识常见的化学物质，学习重要的化学概念，形成基本的化学观念和科学探究能力，认识化学对人类生活和社会发展的重要作用及其相互影响，进一步提高学生的科学素养。学习内容主题包括"认识化学科学""化学实验基础""常见无机物及其应用""物质结构基础""化学反应与能量""化学与可持续发展"等。

化学与生活：了解日常生活中常见物质的性质，探讨生活中常见的化学现象，体会化学对提高生活质量和保护环境的积极作用，形成合理使用化学品的意识，以及提升运用化学知识解决有关问题的能力。

化学与技术：了解化学在资源利用、材料制造、工农业生产中的具体应用，在更加广阔的视野下，认识化学科学与技术进步和社会发展的关系，培养社会责任感和创新精神。

物质结构与性质：了解人类探索物质结构的重要意义和基本方法，研究物质构成的奥秘，认识物质结构与性质之间的关系，提升分析问题和解决问题的能力。

化学反应原理：学习化学反应的基本原理，认识化学反应中能量转化的基本规律，了解化学反应原理在生产、生活和科学研究中的应用。

有机化学基础：探讨有机化合物的组成、结构、性质及应用，学习有机化学研究的基本方法，了解有机化学对现代社会发展和科技进步的贡献。

实验化学：通过实验探究活动，掌握基本的化学实验技能和方法，进一步体验实验探究的基本过程，认识实验在化学科学研究和化学学习中的重要作用，提升化学实验能力。

上述课程模块从不同的层面和视角建构内容体系，有关"三个维度"的目标在各模块中都有体现。

3. 课程标准的内容目标结构呈现方式

（1）课程的内容目标

是按"课程模块—主题—内容标准—活动与探究建议"的形式来呈现的。内容目标在"课程模块"的说明中以"学生应主要在以下几个方面得到发展：……"的方式给出，在每个"主题"中以"内容标准"的形式展现。

内容目标是指学生通过一段时间的学习之后，所产生的行为变化的最低表现水准，用以评价学习表现或学习结果所达到的程度。其表述中的主体都是学生。课程在阐述具体的内容目标时，一般都包含行为动词和表现程度这两个要素，并且选用尽可能清晰的行为动词。

在陈述方式上分为两类：一是采用结果性目标的方式，即使用可测量、可评价的行为动词来明确学生的学习结果是什么，对认识性学习目标的水平和技能性学习目标的水平基本用这种方式表述。如"知道酸、碱、盐在溶液中能发生电离""通过实验事实认识离子反应及其发生的条件""了解常见离子的检验方法"。二是采用体验性目标的方式，即使用体验性、过程性的行为动词来描述学生自己的心理感受、体验或明确安排学生表现的机会，对体验性学习目标的水平用这种方式表述，如"认识并欣赏化学科学对提高人类生活质量和促进社会发展的重要作用"。

不同内容学习目标的差别，可从行为动词的用词上区分。如"初步学习"和"初步学会"，后者的要求比前者高，它要求学生达到"会"的程度，而前者只要求学生学习，不一定要"会"。

课程中各内容目标的这些明确的规定，使得课程实施时具有较强的可操作性和易实现性，将和实践性统一起来（见表2-3）。

（2）活动与探究建议

"活动与探究建议"是为突出学生的实践活动、更好地达到内容目标而给予的教学建议，它和内容目标不是对应关系。在"活动与探究建议"中设置了大量的探究课题，明确列出了活动的具体形式。在教学时，这些探究活动应以学生为主去完成，综合性较强的活动或探究实验要组织学生以小组为单位共同协作完成。当然，如果对有些内容学生已经有足够的生活、学习的经验来理解和接受，那就不必使用有关的"活动与探究建议"，也可根据实际情况另外补充更适当的探究活动（见表2-3）。

表2-3 物质结构基础内容标准、活动与探究建议

内容标准	活动与探究建议
（1）知道元素、核素的含义； （2）了解原子核外电子的排布； （3）能结合有关数据和实验事实认识元素周期律，了解原子结构与元素性质的关系； （4）能描述元素周期表的结构，知道金属、非金属在元素周期中的位置及其性质的递变规律； （5）认识化学键的含义，知道离子键和共价键的形成； （6）了解有机化合物中碳的成键特征； （7）举例说明有机化合物的同分异构现象	（1）查阅资料并讨论：放射性元素、放射性同位素在能源、农业、医疗、考古等方面的应用； （2）实验：几种金属盐的焰色反应； （3）查阅资料并讨论：第三周期元素及其化合物的性质变化的规律； （4）讨论或实验探究：碱金属、卤族元素的性质递变规律； （5）查阅元素周期律的发现史料，讨论元素周期律的发现对化学科学发展的重要意义； （6）交流讨论：离子化合物和共价化合物的区别； （7）制作简单有机分子的结构模型

（3）高中化学新课程知识体系的构建

新的中学化学课程体系是由义务教育化学、高中必修化学和选修化学三个既相互联系又彼此相对独立的部分共同构成的。各部分课程内容之间既具有连续性，又具有明显的层次性，使中学化学课程知识体系的构建由简单到复杂，由具体到一般，层层递进，逐步丰富、深化与发展。

从义务教育化学到高中必修化学，知识的深广度有较大变化，某些义务教育化学没有涉及的内容被丰富进来，已经涉及的内容被进一步深化和提高；而从必修化学到选修化学，由于增加了选择性，所以化学知识的深广度便以模块或主题为单位进行提高和深化，各个选修模块既相互独立，形成一个小的完整的知识体系，又作为一个单元与其他模块一起构成中学化学完整的知识体系。如对生命活动具有重要意义的有机化合物（如糖类、蛋白质等）内容的选择就充分体现了这一特点。

（4）内容标准的特点

① 课程内容力求体现基础性、时代性和人文性。普通高中化学课程，通过两个不同课程模块相关层次的内容建构，力求体现化学科学教育的社会价值、人文内涵，进而在教学活动中培养学生的社会责任感和参与意识。必修模块与后续选修模块的关系是基础性与多样性和选择性之间的关系。整个中学化学课程是三个阶段、三个层次、两种类型的发展统一体，第一阶段（实践化学）是入门、第二阶段（必修模块）是发展、第三阶段（选修模块）是个性化的深入和提高。每一位高中生都必须经历这三个层次的发展阶段，前两个阶段强调的是共同的全面发展，

第三个阶段突出的是多样化、赋予选择性和个性化的深入发展。

化学科学的社会价值影响着文明进程，通过安排不同的课程模块、课程内容和学习活动，高中化学新课程力求解释课程的人文内涵，以进一步培养学生的社会责任感和参与意识。

② 通过多样化的学习方式培养学生的探究能力。新课程积极倡导学习方式的多样化，在"活动与探究建议"栏目中，设置了大量的探究课题，引导学生运用问题讨论、信息收集、方案设计、合作学习、实验探究、调查咨询等方式获取信息，使学生在探究实践中获得知识和技能，体验学习化学的乐趣。

③ 突出强调化学实验的作用，倡导多种课程资源的开发和利用。在各个课程模块中，教材内容建构都强调化学实验的作用，依次作为启迪学生科学思维、发展学生探究能力和培养情感态度与价值观的重要手段，并对实验室建设提出基本要求。在活动与探究建议中，许多案例设计的文献资料来源于图书馆和计算机网络，这为进一步开发和利用课程资源提供了有效途径。

4. 实施建议

在审议课程标准时，不少学者提出：应该把培养学生的兴趣放在突出的地位，使学生"欣赏化学，热爱化学"。教师应利用一切条件使学生体验学习的快乐，消除厌烦、恐惧化学学习的因素。为此，课程标准提出了一系列的实施建议，我们选取主要内容予以分析。

(1) 把握不同课程模块的特点，合理选择教学策略和教学方式　高中化学课程是由若干模块组合构建的，教师应注意领会每个课程模块在课程中的地位、作用和教育价值，把握课程模块的内容特点，考虑学生的学习情况和具体的教学条件，采取有针对性的教学方式，优化教学策略，提高教学质量。例如，化学 1、化学 2 课程模块是在义务教育基础上为全体高中生开设的必修课程，旨在帮助学生形成科学素养，提高学习化学的兴趣，同时也为学生学习其他化学课程模块打下基础。教师在教学中要注意与初中化学课程的衔接，在教学内容的处理上注重整体性，引导学生学习化学的核心概念、重要物质以及基本的技能和方法，加强化学与生活、社会的联系，创设能促进学生主动学习的教学情境，引导学生积极参与探究活动，激发学生学习化学的兴趣。

(2) 联系生产、生活实际，拓宽学生的视野　化学科学与生产、生活以及科技的发展有着密切联系，对社会发展、科技进步和人类生活质量的提高有着广泛而深刻的影响。高中学生会接触到很多与化学有关的生活问题，教师在教学中要注意联系实际，帮助学生拓宽视野，开阔思路，综合运用化学及其他学科的知识分析解决有关问题。

(3) 突出化学学科特征，更好地发挥实验的教育功能　以实验为基础是化学学科的重要特征之一。化学实验对全面提高学生的科学素养有着极为重要的作用。化学实验有助于激发学生学习化学的兴趣，创设生动活泼的教学情境，帮助学生理解和掌握化学知识和技能，启迪学生的科学思维，训练学生的科学方法，培养学生的科学态度，帮助他们形成科学的价值观。

教学中，可以从以下几个方面发挥实验的教学功能：

① 引导学生通过实验探究活动来学习化学；

② 重视通过典型的实验事实帮助学生认识物质及其变化的本质和规律；

③ 利用实验事实帮助学生了解化学概念、化学原理的形成和发展，认识实验在化学学科发展中的重要作用；

④ 引导学生综合运用所学的化学知识和技能，进行实验设计和实验操作，分析和解决与化学有关的实际问题。

（4）重视探究学习活动，发展学生的科学探究能力　探究学习是学生学习化学的一种重要方式，也是培养学生探究意识和提升探究能力的重要途径。在活动过程中，教师应充分调动学生主动参与探究学习的积极性，引导学生通过实验、观察、调查、资料收集、阅读、讨论、辩论等多种方式，增进对科学探究的理解，发展科学探究能力。

（5）实施多样化评价，促进学生全面发展　纸笔测验是一种重要而有效的评价方式。在高中教学中运用纸笔测验，重点应放在考查学生对化学基本概念、基本原理以及对 STSE 的认识和理解上，而不宜放在对知识的记忆和重现上；应重视考查学生综合运用所学知识、技能和方法分析和解决问题的能力，而不单是强化解答习题的技能；应注意选择具有真实情境的综合性、开放性的问题，而不宜孤立地对基础知识和基本技能进行测试。学习档案评价是促进学生发展的一种有效评价方式。应培养学生自主选择和收集学习档案内容的习惯，给他们表现自己学习进步的机会。将学习档案评价与教学活动整合起来，鼓励学生根据学习档案进行反省和自我评价。

活动表现评价是一种值得倡导的评价方式。这种评价是在学生完成一系列任务的过程中进行的。它通过观察、记录和分析学生在各项活动中表现出的参与意识、合作精神、探究能力、分析问题的思路、知识的理解和应用水平以及交流表达能力等进行评价。活动表现评价的对象可以是个人也可以是团体，评价的内容既包括学生的活动过程又包括学生的活动结果。活动表现评价有明确的评价目标，应体现综合性、实践性和开放性，在真实的活动情境和过程中进行全面评价。

应根据课程模块的特点选择有效的评价策略。充分考虑不同课程模块的具体特点，有针对性地选择合理有效的评价方式和评价策略。评价设计上，要突出引导学生的自我反思评价，使学生逐步养成反思和自我评价的学习习惯。

第三节　化学课程标准在教学设计中的体现

一、更新教学理念，科学把握课标

在化学新课程的推进和实施过程中，广大一线教师正努力将"科学把握课标，改变教学方式，关注学生发展，重视以学定教"等教学理念贯穿于课堂教学之中，对以主题和模块构建的化学知识体系和教学要求也给予了高度认同。然而，从操作层面来看，课堂教学中的教师行为和学生活动，与上述教学理念的要求还存在一定的差距。形成差距的原因，主要表现在以下几个方面：①对教学理念理解不到位，教学目标的设计与表述缺乏科学性、针对性和可操作性，未将"三个维度"目标进行有机整合，不能有效指导教学过程和学生活动的设计；②教师在教学中，没有遵循化学课程标准、科学把握教学要求、突出教学重点和难点，忽视了化学核心知识对学生形成化学思想观念和掌握化学研究方法的重要作用；③不能从教育本质的高度，理解促进学生个性发展、全面发展和终身发展的深刻意义，追求化学课堂中生命成长和认知的自然达成；④不能将所学的化学知识紧密联系学生的社会生活实际、学习实际和发展实际，充分体现化学科学的教育价值等。为此，下面将从贯彻落实新的教学理念、科学把握教学要求的角度，探讨课堂教学策略和操作方法。

在教学设计中，课程标准具体体现在确立的教学内容三个维度目标、重点和难点分析上。在备课或进行教学设计中要掌握以下四点。

1. 明晰传统备课与教学设计的区别

项目	传统备课	教学设计
教学站位	基于知识传授，重在构思教师的教的活动	基于学生的发展，重在设计学生的学
教学目标	使学生……	学生会……
重心所在	设计教师教的活动	设计学生的学习活动

2. 研究教学目标

维度	内涵	表述要点
知识与技能	知识：是指人类在实践中认识客观世界的成果 技能：通过练习获得的能够完成一定任务的动作系统	行为主体（学生）+行为动词+行为结果（程度）
过程与方法	经历一系列典型的学习过程，获取相应的方法是课程学习目标的重要方面，这是能力发展的基础	经历……过程， 理解……方法， 获得……体验， 形成……能力
情感态度与价值观	情感是人对客观事物是否满足自己的需要而产生的态度体验。态度是人们在自身道德观和价值观基础上对事物的评价和行为倾向。价值观是指一个人对周围的客观事物（包括人、事、物）的意义、重要性的总评价和总看法	参与；好奇心；求知欲；乐趣；意志；自信心；学科特点；学科价值；学习习惯；科学态度

3. 研究四级要求

要求	认识	应用
了解	初步认识，识别	直接运用
理解	理性认识	运用；解决简单问题
掌握	深刻的理性认识	形成技能；解决有关问题
灵活运用	系统；知识的内在联系	分析、解决比较综合的问题

4. 应用教学设计框架（见图2-7）

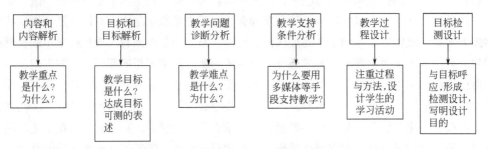

图 2-7　教学设计框架内容要素构成

二、"三个维度"教学目标要注重求"实"

教学目标是依据课程标准要求和教学内容特点，通过一定的教学程序和学习活动，促使师生达到的预期结果或标准，是对学生通过教学以后获得学习结果的一种明确、具体表述。它既与学科课程目标相关联，又与课堂教学的具体实施过程有关，是对课程具体内容进行教学所要达成目标的科学描述，体现了课堂教学的针对性和差异性。

然而，在化学新课程教学实践中，教师虽然认同用"三个维度"教学目标来指导课堂教学，但在操作层面上还存在以下问题：①没有遵照课程标准和教材的要求，针对教学实际，科学、准确把握"三个维度"教学目标的内容；②对"知识与技能"目标的内容设计比较科学、具体，具有较好的科学性和针对性，而对"过程与方法""情感态度与价值观"目标的内容设计随意性较大，没有针对教学内容和学情突出培养目标的重点，其内容好像放在任何一堂化学课中都可以；③没有准确规范地使用"认知性""技能性"和"体验性"领域的行为动词严谨表述教学目标，没有很好地体现教学目标对课堂教学的引领作用和教学实施的可操作性。鉴于此，不论是教学目标内容的科学定位，还是规范准确的表述，都要将它们落到"实"处。下面将通过教学案例对这个问题进行分析和阐述。

案例

"酸、碱、盐在水溶液中的电离"是人教版《高中化学》第一册第一章第二节"离子反应"第 1 课时的内容，下面是关于该内容教学的案例（后面的案例均来源于人民教育出版社 2019 年版本教材）。

个人备课

"酸、碱、盐在水溶液中的电离"设计片段

一、教学目标

1.知识与技能

① 了解电解质的概念，知道最常见的电解质；

② 认识电解质电离过程，初步学会电离方程式的书写；

③ 从电离的角度认识酸、碱、盐的本质。

2.过程与方法

① 引导学生通过探究、讨论和交流初步得出电解质的概念，通过观察分析示意图和观看动画等认识电解质电离过程；

② 通过书写、分析、归纳和比较，探究酸、碱、盐的定义，从电离的角度认识酸、碱、盐的本质。

3.情感态度与价值观

发展学生学习化学的兴趣，培养学生乐于探究、合作学习的精神，体验探究的艰辛和喜悦，养成良好的化学学习习惯。

二、教学重点、难点

1.重点

电解质的电离，从电离角度认识酸、碱、盐的本质。

2.难点

认识电解质及其电离的过程。

三、教学方法

创设情境、实验探究、问题探究、范例启示和反思归纳。

四、教学过程

略。

五、说课与讨论

从课后与老师的交流中获悉，授课老师对自己本堂课教学的自我评价是：对"知识与技能"目标的教学，自己感觉做得比较到位，教学效果应该不错。但对于"过程与方法""情感态度与价值观"目标的落实，感到指向不太明确，有点力不从心，那么，授课老师为什么本堂课教学会出现这样的现象？

教师A：　　在化学课堂教学中，关于"三个维度"教学目标对化学课堂教学的引领作用和意义，许多一线教师在认识上还存着误区，他们认为教学目标只是教学设计中一个不可缺少的"程序"，并没有多少实际用途，因此备课时，直接从资料上摘抄相关教学目标，造成教学目标与教学实施过程脱节，教学目标形同虚设。从上述教学案例来看，授课老师对这一教学内容进行了认真、深入的研究和分析，这一点值得肯定。但授课老师对"过程与方法""情感态度与价值观"目标的落实不到位，与这两个教学目标的内容选择和表述有关，如"情感态度与价值观"的目标"发展学生学习化学的兴趣，培养学生乐于探究、合作学习的精神，体验探究的艰辛和喜悦，养成良好的化学学习习惯"好像"放之四海而皆准"，缺少针对性。

教师B：　　教学目标设计要根据化学课程标准和教材的内容要求，体现科学性、严谨性和全面性，不能变更和遗漏内容，也不能任意增加内容。仔细分析授课老师的教学目标内容，发现"知识与技能"目标还有瑕疵，如"①了解电解质的概念，知道最常见的电解质"，而对应的课程标准和教材的要求是"知道酸、碱、盐在溶液中能发生电离，了解电解质的概念"，表述上有差异。

教师C：　　"三个维度"教学目标的设计和表述的确是部分教师日常教学中不太重视的工作，有时影响了课堂教学质量自己都未意识到。本案例中存在的不足就是在表述教学目标时没有准确地使用认知性、技能性和体验性的行为动词，上述的"过程与方法"和"情感态度与价值观"目标的表述太虚，没有针对性，不能准确表述学生的学习过程，培养目标表述也不明确，缺乏对课堂教学的指导性和可操作性，如"过程与方法"目标的确定有偏差。

小结：各位老师从不同角度、不同层面的评价很到位。通过相互讨论、分析与交流，我们对授课老师课堂教学中的困惑形成了统一认识，这不仅解决了本案例中教学目标设计和表述的问题，也为化学课程教学实践中普遍存在的疑难问题，提供了一个科学的解答。

"酸、碱、盐在水溶液中的电离"设计片段

一、教学目标

　　1.知识与技能

　　① 知道酸、碱、盐在水溶液中能发生电离，了解电解质的概念；

　　② 认识电解质电离过程，初步学会电离方程式的书写；

　　③ 从电离的角度认识酸、碱、盐的本质。

　　2.过程与方法

　　① 引导学生通过实验探究、问题讨论与交流等活动，形成电解质的概念；培养学生初步学会小组合作学习的方法，学习物质分类的新方法。

　　② 引导学生通过观察分析电离示意图和观看动画等活动，认识酸、碱、盐在溶液中电离的微观过程；初步学会书写电离方程式的方法。

　　③ 通过对 HCl、NaCl、NaOH 等电解质在溶液中电离情况的分析和归纳，启发学生从电离的角度认识酸、碱、盐的本质，培养学生分析、归纳问题的能力。

　　3.情感态度与价值观

　　① 通过在生活、生产中有关溶液中发生化学反应的图片和视频，激发学生学习化学的兴趣，体现化学的应用价值。

　　② 通过开展探究实验和问题讨论，培养学生乐于探究问题、注重合作学习的精神，勇于探索的科学态度，逐步养成良好的学习习惯。

二、教学重点、难点

　　1.重点

　　酸、碱、盐在溶液中的电离，电解质的概念和从电离角度认识酸、碱、盐的本质。

　　2.难点

　　认识电解质及其电离的过程。

三、教学方法

　　实验探究、问题讨论和反思归纳。

四、教学过程

　　略。

　　【点评】本案例在集思广益的基础上，进行了二次设计，调整后的教学目标有如下变化：①将"知识与技能"部分改为"知道酸、碱、盐在溶液中能发生电离"，更符合课程标准和教材的要求；②在"过程与方法"的三个目标中，通过"实验探究、讨论归纳与交流"三项具体的学习活动，确定了具体的过程体验、方法学习和能力培养目标，内容具体，逻辑性和针对性强，体现学科特点；③在"情感态度与价值观"目标中，其内容由原来的一项改成两项，内容呈现既包括对学生学习兴趣、学习习惯和科学精神与态度的培养，又包括对化学思想、观念和价值观的培养；④根据教学目标对教学内容和教学过程的引领作用，及本案例的教学重点、难点和教学方法也进行了适当的调整。

　　从教学设计或课堂教学实施的角度来分析，教学目标在教学实施中的作用可以用图2-8来表示。

　　教学目标决定着教学的方向、教学内容的确定、教与学活动的设计、教学策略的选择和设计、学习环境的设计、学习评价的设计等。教学目标设计正确与否，将直接影响课堂教学效果，进而影响课程目标的实现。

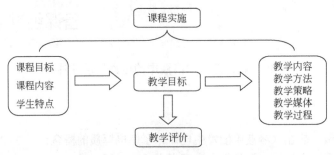

图 2-8　教学目标与各要素的相互关系

三、拨开迷雾，科学确立教学重、难点

教学重点是根据课程标准的要求，在对教材进行深入分析的基础上确定的最基础、最核心的教学内容。教学难点是指学生不易理解的化学知识和原理，或不易掌握的技能技巧。教学难点既要通过教师对教学内容理解与把握进行预设，又要根据学生的实际认知水平进行分析与确定。

然而，在化学新课程的教学中，许多教师因为追求多样化的教学形式，出现教学重点、难点丢失的问题，主要体现在以下方面：其一，教师不能依据课程标准和教材要求，准确地确定教学重点，教学难点的确定既模糊又缺乏针对性；其二，教师不能准确地将教学重点分解成几个核心问题，再根据对核心问题的解决来组织相关的教学内容；其三，教师不能针对相关的教学内容，有效设计教学环节和学习活动，突出重点、突破难点。这些教学疑难问题的存在，严重影响"三个维度"教学目标的达成和课堂教学质量的提高。因此，有必要在新课程背景下，科学确立课堂教学的重点和难点。下面将通过教学案例对这个问题进行分析、阐述。

案例

"物质的量"是人教版《高中化学》第一册第二章第三节第 1 课时的内容，下面是该内容教学的案例。

课后说课与讨论

"物质的量"第 1 课时课后说课与讨论

本堂课授课老师满意的地方是：课堂上为"物质的量"概念的形成与建立，创设了问题情境，组织学生进行了分组讨论与交流，并让学生代表汇报结果，学生的学习积极性和主动性得到了充分体现。但在课后的检测中发现，学生对物质的量的理解和应用不准确，在教学过程中，老师也感觉到学生对物质的量使用有点似懂非懂，教学难点的突破有点走形式。为什么本堂课教学上会出现这样的问题呢？

教师 A：　　上述教学中，授课老师的教学过程在一定程度上关注了学生的学习需求和活动形式，如教学注意联系学生的生活实际，重视教学方式和学习方式的多样化，用多媒体辅助教学等。但教学重、难点都确定为"物质的量及其单位——摩尔"不科学，也不符合教学实际，因而教学重点、难点显得笼统、模糊、针对性不强。

教师B：　　　本案例在教学内容的处理上也存在着一些问题。其一，教师没有遵循课程标准和教材的要求，准确地把握教学内容，知识内容的呈现不全面，如"阿伏伽德罗常数""摩尔质量"以及它们之间的关系等在教学中没有得到体现，这样会导致学生对"物质的量"有关知识的理解受到影响，不能突出重点。其二，教师缺乏基于单元整体设计的思想，"物质的量及其单位的理解与应用"既是学习"气体摩尔体积"及后面化学知识的基础，又是今后灵活应用这一新的物理量进行化学定量研究的铺垫。根据教学经验，这一内容应是教学难点，教师对突破这一难点缺少相关训练措施。

教师C：　　　教学内容的不全面，会影响教学目标的达成和教学重点的突出。但是，倘若教学重点缺乏教学内容的支撑、缺乏教学设计的组织，那么教学重点的突出也会显得苍白无力。从案例来看，教学重点应该是"物质的量及其单位、阿伏伽德罗常数的含义"，然而，教师却没有对教学重点进行科学处理，表现在：第一，没有将教学重点分解成教学中需解决的几个关键问题；第二，没有很好地根据要解决的关键问题，准确选择有关的教学内容；第三，没有很好地针对所选择的教学内容，有效设计教学程序和活动实施以达成教学目标。

小结：各位老师的发言很精彩，非常赞同。"突出重点、突破难点"是新课程背景下化学教学中需要达到的基本要求。许多教师对新课程教学理念在认识上存在误区，使得这一极受关注的影响，成了新课程教学实践中普遍存在的疑难问题。通过上述老师们针对突出重点、突破难点的分析及建议，对此案例中的问题形成了统一认识，并提出了可行的解决方案。

备课组讨论后的修改版

"物质的量"第1课时教学片段

一、教学目标

　　略。

二、教学重点、难点

　　1.重点

　　物质的量及其单位，阿伏伽德罗常数。

　　2.难点

　　物质的量及其单位的理解与应用。

三、教学方法

　　讲授-讨论法、讲练结合和反思归纳。

四、教学过程

（一）创设情境，引入新课

【师】（1）展示中国节水标志图。（2）提问：我们知道水是由水分子构成的，那么一滴水中究竟含有多少个水分子呢？

【生】观看、思考、讨论。

【师】播放动画片"曹冲称象"。

【生】观看动画，讨论动画片反映出的思想。

【师】思考：这种"化大为小，化整为零；聚少成多，聚微成宏"的思想在化学定量研究中有何应用呢？

提问：反应 $C+O_2\!=\!\!=\!CO_2$ 表示的意义有哪些？为什么 12gC 能恰好和 32gO_2 完全反应呢？你们知道 12gC 和 32gO_2 分别由多少数量的 C 原子和 O_2 分子组成吗？

【生】分组讨论、交流。

【师】(1) 倾听、引导学生得出结论："化学反应是原子、分子或离子之间按一定数目关系进行的"。

(2) 提问：科学界有既能表示一定数目微观粒子，又能关联物质质量的物理量吗？

引出课题：物质的量的单位——摩尔。

(二) 讨论交流，形成概念

【师】提问：(1) 什么是物质的量？单位是什么？如何表示？

(2) 什么是阿伏伽德罗常数？如何表示？

(3) 物质的量、阿伏伽德罗常数与粒子数之间有怎样的关系？

【生】阅读教材 49~50 页有关内容，并对问题分组讨论交流，每小组派一个学生汇报讨论结果。

【师】在学生讨论基础上，讲解"物质的量"的概念、单位和表示方式，帮助学生建立 $n=\dfrac{N}{N_A}$，

并引导学生理解"物质的量（mol）与一定数目微观粒子数集合体之间的关系"。

【师】提问：(1) 1mol 不同物质中所含的粒子数相同，但它们的质量相同吗？

(2) 什么是摩尔质量？它的单位是什么？它表示的意义是什么？

【生】阅读教材第 50 页有关内容，并根据问题进行思考、讨论与交流。

【师】以"1mol H_2O"为例进行讲解，引导学生理解物质的量（1mol H_2O）既可关联水的质量（18g），又可表示水分子数（约 6.02×10^{23} 个）；理解摩尔质量及其表示的意义，并建立物质的量、质量和摩尔质量之间的关系 $n=\dfrac{m}{M}$。揭示：物质的量是将一定数目的微观粒子与可称量物质建立联系的桥梁。

(三) 学以致用，巩固提高

【师】展示：判断下列说法是否正确。

A. 1 摩尔氧（   ）   B. 1 摩尔氧原子（   ）   C. 2 摩尔分子氢（   ）

D. 0.5 摩尔水（   ）   E. 1 摩尔芝麻（   ）

F. 1mol O_2 中一定含有 6.02×10^{23} 个 O_2 分子（   ）

G. 1.204×10^{23} 个 H_2 中含有氢原子的物质的量为 0.4mol（   ）

【生】通过对"物质的量"要素的辨析，使学生在理解的基础上，掌握概念的内涵、外延及应用时注意的问题。

(四) 反思小结，拓展提升

略。

【点评】改进后的教学案例，在突出教学重点方面，不仅确定了要解决的关键问题，而且围绕问题构建相关教学内容，充分加强了各教学内容之间的联系和针对性。对"物质的量、阿伏伽德罗常数和摩尔质量"的概念，在教学过程中给予了高度重视，教师在学生讨论交流的基础上，引导学生理解和建立了物质的量与微观粒子数和宏观物质质量之间的关系。教学活动的设计以

问题为主线，通过创设问题，组织学生进行合作学习，使学生通过阅读教材、讨论和交流学习成果等环节，形成概念和掌握要点，并在"物质的量"具体应用的过程中，达到反思总结和拓展提升的目标。在教学难点突破方面，所采取的教学策略为：①运用多媒体创设情境，激发兴趣；②巧设教学铺垫，让学生形成"化大为小，化整为零；聚少成多，聚微成宏"的思想；③在学生学习过程中，教师分步进行难点知识的突破，逐步理解"物质的量"与一定数目微观粒子集合体、可称量物质之间的关系；④应用所学知识回应和解决"一滴水中究竟含有多少个水分子？"。这种突破难点的教学策略，既符合由简单到复杂、由浅入深、循序渐进的认知规律，又有效调动了学生学习的积极性。

化学教学的实践中，为什么一线教师会存在"忽视教学重点、难点的科学确定"或"突出重点、突破难点流于形式"的问题？其主要原因：其一，教师对新课程倡导的教学理念缺乏理解，只注重教学形式的转变，忽视了对化学教育教学的本质和培养目标的追求；其二，教师没有深入地理解化学课程标准对教学内容的要求，没有深入研究和领会教材中所蕴藏的科学思想、逻辑关系和思维脉络，不能准确地确定教学重难点；其三，针对所确定的教学重难点，没能采用合理的教学策略、方法和手段予以突出和突破。因此，我们对教学重难点要有一个科学认识和定位。

教学重点是实现教学目标的重要课程内容和载体，是教师组织课堂教学的主要任务和着力点，是师生共同活动的行为主线，是培养学生自主构建良好认知结构和知识体系的核心内容。因此，教学重点的确定及其内容组织与活动展示，是化学教学成功的关键。教学难点，是指化学新内容与学生已有认知水平之间存在的差距，这个差距的解决程度，直接关系到学生对化学知识的理解与应用，还会影响对化学新知识和新技能的学习。

四、注重学生发展，构建生命化课堂

构建生命化的化学课堂，既是新课程改革所倡导的教育理念，又是推进素质教育发展的需要。所谓生命化的化学课堂，是指在化学新课程的教学中，在注重学生知识和能力培养的同时，密切关注学生发展的社会性、发展性和主体性，尊重学生的成长需求，更好地体现教育本质。

目前，在化学教学实践中，许多教师对课堂教学要注重促进学生的全面发展和个性发展方面，在认识上存在着一定的差异，具体表现如下：其一，教学方式以讲授式为主，形式单一，课堂学习氛围沉闷，学生的学习主动性受到严重挫伤；其二，课堂探究活动可有可无，探究内容泛化，合作学习流于形式，学生不知道探究活动的最终目标是什么；其三，教师对构建生命化化学课堂的构成要素、实施方法和有效途径不清楚，不能将这一理念融入教学设计之中。这些现象和问题不仅影响到"三个维度"教学目标在教学中的实现，而且还影响学生的终身发展和教育目的的达成。那么，教师如何通过自身的教学行为来实现构建生命化课堂的目标？下面通过教学案例进行分析和阐述。

"苯"课题教学案例

一、教学目标
　　略。

二、教学重点、难点

略。

三、教学方法

探究式教学法，讲授-讨论法。

四、教学过程

（一）创设情境，引入新课

【师】通过视频和课件展示发现苯的化学史，以及苯在日常生活和工农业生产中的广泛应用。

提问：苯是一种怎样的有机化合物？

【生】观看视频和课件，拓宽视野；思考问题，形成认知冲突。

【师】引入新课：苯。

（二）了解苯的物理性质和结构

【师】展示有机物苯，并介绍苯的物理性质。

【生】通过观察、操作（闻气味），初步了解苯的有关物理性质。

【师】提问：苯的分子式为 C_6H_6，根据前面所学的有机化学知识你推测它具有什么结构？

【生】合作学习：学生分组讨论苯可能的结构，获得苯的结构简式为 ⬡ 。每个小组派代表简

要汇报讨论的过程和结果。

【师】巡视、指导。

（三）苯的化学性质探究

1.猜想与验证一

【师】提问：根据苯的结构简式，对比乙烷、乙烯的结构式，分析苯分子的成键特点，猜想苯

可能具有哪些化学性质？

【生】小组讨论与交流，猜想苯可能的化学性质：

（1）苯是一种有机物，因此能够燃烧。

（2）苯分子结构中含有碳碳单键和碳碳双键，可能使溴水及酸性高锰酸钾褪色。

【师】关注学生讨论交流情况，适时点拨。根据学生讨论结果进行苯的燃烧实验，引导现象观

察，并要求学生进行分组实验验证第二个猜想。

【生】分组完成苯与溴水、酸性 $KMnO_4$ 溶液的验证实验，并将实验现象进行交流汇报。

2.师生对话

【师】提问：苯为什么不与溴水、酸性 $KMnO_4$ 溶液反应？

【生】结论：苯分子的结构不是单双键交替的环己三烯。提问：苯分子到底是什么结构？

【师】讲述凯库勒的梦与苯分子结构的化学史，并书写苯的结构简式 ⬡ ，展示苯分子模型（平

面正六边形，键角 120°）。

【生】通过思考，理解苯分子中的碳碳键是介于单、双键之间的一种独特化学键。

3.猜想与验证二

【师】提问：苯分子中碳原子间的独特键，是否决定苯的化学性质既类似烷烃可与卤素单质等

发生取代反应，又类似烯烃可发生加成反应呢？

【生】讨论、大胆猜想，并仿照乙烷、乙烯的取代、加成反应，书写苯与溴、氢气反应的化学

方程式。

【师】指导学生阅读教材，并对照所写的苯反应的化学方程式，强调反应条件，引导学生得出结论。

【生】阅读教材第 70 页的有关内容。仔细对照讨论及猜想的成果，得出苯分子的结构有异于烷烃和烯烃，因而反应的条件不同。

【师】播放苯与液溴反应视频，讲解苯与液溴、浓硝酸的取代反应。

【生】学生观看苯与液溴取代反应视频，加深印象，并书写苯与液溴、浓硝酸的取代反应和与氢气的加成反应的化学方程式。

（四）巩固提升

【师】展示巩固练习（略）。

【师】本节课的学习你有哪些收获？引导学生从"三个维度"方面进行总结。

【生】形成的结论：

(1) 苯独特的结构（键）决定苯特殊的化学性质：易取代、可加成、难氧化。

(2) "结构决定性质"是学习有机化学的重要思想方法之一；学会针对问题"进行猜想，实验验证，得出结论"的探究方法。

(3) 我们深深地感受到法拉第、凯库勒等化学家，在"苯的发现到苯分子结构的确定"探索过程中，严谨务实的科学态度和坚持不懈、勇于探索的科学精神。

【点评】本教学案例，不论是"创设情境，引入新课"环节，还是突出探究的重点，调整"苯的化学性质探究"的内容，以及"巩固提升"环节，教师都从"注重学生发展，构建生命课堂"的高度，给予学生生命属性的关爱、科学素养的培养。其体现在：①用"发现苯的化学史，以及苯在日常生活和工农业生产中的广泛应用"的视频及课件替代了乙烷、乙烯、乙炔性质，开阔视野、激活思维，充分尊重学生的发展性，并适时提出问题，引入新课。②在"了解苯的物理性质和结构"中，分两步进行教学：第一，直接讲述苯的物理性质，既符合课程标准要求，又体现教材知识脉络；第二，学生应用已学知识，通过对问题分析与讨论，确定苯的结构简式。在"苯的化学性质探究"中，分三步进行教学：第一，以所学乙烷、乙烯知识为基础，让学生根据苯的结构，猜想苯可能的化学性质，然后通过演示和分组实验进行验证；第二，通过师生对话，反思苯不与溴水、酸性高锰酸钾溶液反应的原因，并通过化学史的学习，认识苯结构的特点；第三，根据苯结构的特点，让学生分析、猜想，通过阅读、观看视频和教师讲解等活动，理解苯的有关化学性质。整个教学过程，教师组织多样化的小组讨论、猜想推测、实验探究、师生对话等活动，让学生在活动中感受知识的获得、实验探究的过程和乐趣。在师生互动与交流中形成有机化学的"结构决定性质"学习方法；在问题讨论与探究中，获得"进行猜想，实验验证，得出结论"科学探究的基本方法；注重学生全面发展、个性发展和终身发展，学生的社会性、实践性、发展性、主体性等生命属性得到了充分的关注。③教师改进了有关提问，问题更具针对性和驱动性，有利于学生思考与讨论。在"巩固提升"环节中，通过练习巩固、问题讨论，使学生从知识、方法与科学态度等多方面获得提升，教学流程思路清晰，结构科学，内容丰富，逻辑性强，符合学生的认知规律和认知心理，体现了"学生主体、以学定教、在做中学"这一新的教学理念。

化学教学中，教师应尊重学生的生命需求，面向全体学生，促进学生的全面发展、个性发展和终身发展；要回归生活，回归自然，回归本真，回归社会；尊重学生个体生命的各种属性，并在认识和理解这些属性的基础上，形成"注重学生发展，追求生命课堂"的教学策略。

五、注重联系生活和社会，体现化学学科价值

在新课程的教学改革中，注重联系学生生活和社会实际，不仅是新课程所倡导的基本理念，有利于科学概念的形成与建立，而且可以激发学生学习的兴趣和求知欲，使他们感受到化学科学就在身边，充分体现化学学科的应用价值、探究价值和人文价值。

然而，在课程教学设计中，普遍存在着远离学生生活和社会实际的现象，具体表现在以下方面：其一，以纯"化学知识"为教学主线，忽视与学生的生活经验和社会实际相联系，使教学变得枯燥、单调；其二，不能深入研究教学内容，发掘化学知识所蕴含的教育资源，如具有探究价值和人文价值等促进学生有效学习的素材；其三，不能有效将化学知识与学生熟悉的生活和社会问题相联系，降低了化学学科的价值和魅力。因此，在教学中联系学生生活和社会实际，不仅是实现"从生活走进化学，从化学走向社会"教学理念的有效途径，同时，也是促进学生全面发展，培养创新精神和实践能力，提高化学课堂教学质量的可靠保证。下面将通过案例对这个问题进行阐述。

案例（备课组讨论后修改版）

"乙醇"是《高中化学》第二册第七章第三节第 1 课时的内容，下面是关于这个案例的教学片段。

乙 醇

一、引入新课

【师】用多媒体展示艾青咏酒诗"她是可爱的，具有火的性格……"

【生】观看、思考。

【师】以杜康酒为例，讲述我国精湛的酿酒技术和博大精深的酒文化。古往今来传颂着许多与酒有关的诗歌，你能吟几句吗？你知道酒的主要成分是什么吗？你对它有哪些认识？

【生】根据自己的生活经验和经历，讨论、交流、总结和回答。

二、实验探究

……

【实验探究2】

【师】分组实验：教材第 78 页实验 7-5，投影展示实验步骤。

提问：(1) 结合反应方程式说明铜丝发生这种变化的原因，并思考铜丝在反应中的作用。

(2) 乙醇催化氧化反应中，乙醇分子的断键位置可能在哪里？

【生】实验并记录实验现象：铜丝灼烧变黑，插入乙醇后又变成_____；反应中液体产生_____气味。实验完成后，写出该反应的化学方程式，针对上述两个问题讨论，并汇报结果。

三、拓展应用

【师】(1) 投影展示乙醇在人体中代谢的示意图。介绍适量饮用白酒，对人体具有促进循环系统产生兴奋的功能，舒筋活血，有利健康；过量饮酒对人体有伤害，影响判断力。

(2) 提问：酒后驾车非常危险，极易发生交通事故，交通警察如何检查驾驶员是否酒后

驾车呢?

【生】阅读教材资料,结合自身的经历,讨论交流后进行回答。

【师】展示:生命不能承受之"醉"。酒精快速检测:让驾车人呼出的气体接触载有经过硫酸酸化处理的三氧化铬硅胶,可测出呼出的气体中是否含有乙醇及乙醇含量的高低。如果含有乙醇蒸气,乙醇会被三氧化铬氧化成乙酸,同时橙红色的三氧化铬被还原成绿色硫酸铬。

播放视频:乙醇与酸性 $KMnO_4$ 溶液或酸性 $K_2Cr_2O_7$ 溶液反应,被直接氧化成乙酸。

【师】在探究实验和问题讨论的过程中,对学生进行指导和点拨,使实验和讨论能有效进行。

【师】通过上面的实验和讨论,请同学完成相关化学方程式。

【点评】改进后的教学片段,充分利用了教材中有关化学知识的教育教学资源,不论是在创设教学情境、引入新课环节,还是在联系实际、拓展应用环节;不论是在实验探究、获取新知识环节,还是在小组合作、讨论交流环节,教师都注重密切联系学生已有的生活经验和知识,关注社会热点问题,认真分析和发掘了化学知识中隐含的应用价值、探究价值和人文价值等多重教育价值,并将这些生动、充满活力的教学素材运用于教学活动之中,使学生在学习的过程中,不仅理解和掌握了化学基础知识和基本原理,提升了学科能力和综合素质,而且学生问题意识、探究意识的树立,化学基本思想、观念和方法的形成,以及创新精神和实践能力、情感态度与价值观的培养,都得到了充分的体现。如在"引入新课"环节中,引入了艾青关于酒的诗、杜康的酿酒故事激发学生的学习兴趣;在"拓展应用"环节中,教师通过投影呈现、资料展示,讲解酒的正面用途和医疗价值,也用事实说明生命不能承受之"醉",关注醉驾这一社会热点问题。以上教学片段中,教师通过联系生活和社会问题,使学生获得化学知识的真谛。

化学新课程教学注重在学生学习化学的过程中密切联系学生实际,充分体现知识所隐含的各种教育价值,希望广大教师运用好以上几个方面的教学策略。

参考文献

[1] 施良方. 课程理论:课程的基础、原理与问题[M]. 北京: 教育科学出版社,1996.

[2] 刘知新. 化学教学论[M]. 5 版. 北京: 高等教育出版社, 2018.

[3] 郑长龙. 化学课程与教学论[M]. 2 版. 长春: 东北师范大学出版社, 2005.

[4] 唐石, 袁莉, 夏绿露. 新形势下化学(师范)专业教学模式变革思考[J]. 广州化工, 2017, 45(17): 192-194.

[5] 李玉珍. 化学教育专业师范生课堂教学技能的渗透式培养[J]. 化学教育, 2016, 37(14): 53-57.

第三章 化学教学原则和常用方法

3

第一节 化学教学的基本理论和原则

教学过程是一种特殊的认识过程，其运动、发展和变化是有规律的。认识并驾驭这种规律性，根据规律设计、组织和管理教学活动，是提高教学质量的根本保证。

一、现代教学基本理念

教学理念就是人们对教学活动内在规律的认识的集中体现，同时也是人们对教学活动的看法和持有的基本态度和观念，是人们从事教学活动的信念。

1. 教与学的理念

顾明远在《国际教育新理念（修订版）》一书中将教育理念分为三个层次：宏观教育理念、一般教育理念、有关教与学的理念。

宏观教育理念，从理论上论述当今教育领域的两大宏观理念：终身教育和学习化社会。它是其他层次教育理念的基础，对其他教育理念居于支配地位。终身教育和学习化社会等宏观教育理念对世界教育产生了深远的影响。

一般教育理念，介绍环境教育、生态教育、合作教育、全民教育、建构主义教育、主体理念和发展理念等教育理念，体现了当今时代的特点。对各学科教学都有指导作用，每一位教育工作者都应理解这些理念的实质，并遵循这些理念来指导自己的教育教学工作。

有关教与学的理念，是更为具体、更具可操作性的教育理念，对广大中小学教师开展日常教育教学活动，进行教育教学改革具有直接的指导意义。

2. 新课程改革的核心理念

"为了每一位学生的发展"是贯穿本轮课程改革的核心理念，它包含三层含义。一是课程要着眼于学生的发展，这是课程价值取向定位问题。二是面向每一位学生。基础教育是国民素质的奠基工程，课程目标所确定的都是新世纪我国公民的最基本素质。三是关注学生全面和谐的发展。学生是一个完整的人，不能把学生仅仅看成是知识的容器。关注学生作为"整体的人"的发展既要谋求学生智力与人格的协调发展，又要追求个体、自然与社会的和谐发展。

新课程提出了"三个维度"的教学目标，达到了知识习得、思维训练、人格健全的协同，实现了在促进人的发展目标上的融合。

二、化学教学的理论基础

1. 人的发展理论

青少年个体的发展是主体与周围环境相互作用的结果，使潜在的可能性转化为现实的结果，是通过主体的各种活动实现的。影响人的发展的因素很多，主要有遗传、环境和教育，其中教育在人的发展中起着主导的作用。

2. 辩证唯物主义认识论

辩证唯物主义认识论认为，人的认识是人脑这一特殊物质对客观事物的能动反映。这种能动作用表现为认识的两个飞跃，即由感性认识到理性认识的飞跃和由理性认识到实践的飞跃。认识的来源和基础是实践，人的认识就是在实践的基础上由浅入深、由片面到全面、由低级到高级的无限发展的辩证过程。

3. 自然科学方法论

自然科学方法论是关于科学认识的一般过程和方法的理论。其内容非常丰富，包括广泛使用的观察、实验、模型、系统等方法。

自然科学方法论在化学的历史和现实的研究中有着非常广泛的应用，特别是观察和实验、比较与分类、模型、假说等方法在化学教学过程中大有用武之地。

4. 现代教学理论

（1）杜威的实用主义教学论　杜威极力反对在课堂中采用填鸭式、灌输式教学，主张解放儿童的思维，以儿童为中心组织教学，发挥儿童学习主体的主观能动作用，提倡"在做中学"。"在做中学"就是要像儿童在现实生活中学习知识的方式学习。

（2）布鲁纳的认知结构教学论　美国教育心理学家布鲁纳以智力发展为主线来研究儿童认知过程，构建了认知结构教学论。在布鲁纳看来，学习者的学习过程不仅是主动地对进入感觉的事物进行选择、转换、储存和应用的过程，而且是主动学习、适应和改造环境的过程。因此，学习者应该充分发挥自己的主观能动性，亲自去发现、探索所学的知识和规律，使自己变成发现者。

布鲁纳提倡用发现法组织教学，让学生通过自己的努力探求知识，教师是教学中的主要辅导者。

（3）奥苏贝尔的认知同化教学论　美国认知心理学家奥苏贝尔的认知同化教学论的核心是，学生能否习得新信息主要取决于他们认知结构中已有的观念，也就是新旧知识能否达到意义的同化。无论是接受学习还是发现学习都有可能是机械的，也都可能是有意义的，这取决于学习发生的条件。

奥苏贝尔提出有价值的教学论思想是"先行组织者"。按照奥苏贝尔的同化理论，先行组织者有助于学生认识到：只有把新的学习内容的要素与已有认识结构中特别相关的部分联系起来，才能有意义地习得新的内容。

(4) 建构主义教学理论　建构主义教学理论的核心只用一句话就可以概括：以学生为中心，强调学生对知识的主动探索、主动发现和对所学知识意义建构。"情境""合作""交流"和"意义建构"是构成学习的四个基本要素。

教师在教学过程中从以下方面发挥指导作用：①创设符合教学内容要求的问题情境；②提示新旧知识之间联系的线索，帮助学生开展讨论；③引导协作学习过程进行知识主动建构。

(5) 罗杰斯的人本主义教学论　罗杰斯将他的"以人为中心"的思想移植到教学过程中，提出了"以学生为中心"的"非指导性"教学的理论与策略。

强调情感因素和人际关系。"在'以学生为中心'的教学理论中大大突出了教学中的情感因素，形成了一种以知情协调活动为主线、将情感作为教学活动基本动力的教学模式。"

认为意义学习的核心是学生直接参与学习过程，参与学习目的、学习内容、学习结果评价的决策。教师创造有利于学习气氛的关键是学习过程中的人际关系，尤其是教师对待学生的态度。这种态度的基础是对学生的信任，即信任学生不仅有学习的内在动力而且有自主学习的能力。

(6) 情境教学理论　情境教学是以"情"为纽带，以"思"为核心，以"儿童活动"为途径，以"美"为境界，以"周围世界"为源泉的教学思想。情境教学的几个关键点是：学习者寻找、筛选信息要素，学习者自己提取已有的知识，学习者自己建构解决问题的策略。

(7) 巴班斯基的最优化教学理论　在巴班斯基的最优化教学理论中，其要求主要有：①教师在一定的物质条件下，耗费更少的时间取得更好的教学效果；②精选教学内容，达到内容最优化；③组织教学是要把学生分班、组、个人并将其有机结合起来实行教学形式最优化；④教学原则和教学方法不是一成不变的，要根据特定的时间、内容，遵循最优化的教学原则，选择最优化的教学方法。

(8) 加德纳的多元智能理论

① 多元智能理论的特点与内容。加德纳（Gardner）认为人的智能是多元的。智能应该是一组能力而不应是一种能力，而且这组能力中的各种能力不是以整合的形式存在，而是在个体身上相对独立存在着。这些智能包括：言语-语言智能和逻辑-数理智能、视觉-空间智能、音乐-节奏智能、身体-运动智能、人际交往智能、自我内省智能、自然观察者智能和存在智能。

② 多元智能理论在化学教育中的应用。在我国提倡素养教育的今天，多元智能理论是对素养教育理论必要而有益的补充，它使我们以新的视角重新审视过往的教育思维和教学策略，为推进我国教育改革向更好的方向发展提供了新的启示。

三、化学教学原则

1. 教学原则概述

教学原则是反映人们对教学活动本质性的特点和内在规律性的认识，是指导教学工作有效进行的指导性原理和行为准则。化学教学原则的层次分类见图 3-1。

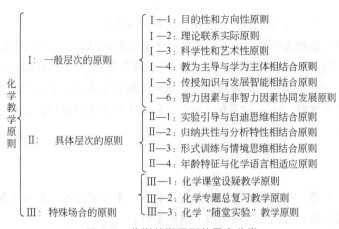

图 3-1　化学教学原则的层次分类

2. 现代化学教学原则

(1) 实验引导与启迪思维相结合原则。

(2) 归纳共性与分析特性相结合原则。

(3) 形式训练与情境思维相结合原则。

(4) 年龄特征与化学语言相适应原则。

(5) 科学精神与人文精神相结合原则。

(6) 掌握化学学科知识与发展学生的科学探究能力相结合原则。

第二节　教学过程的本质和优化

教学过程的本质是由教师、学生、教学内容、教学手段等基本要素构成的，是教师根据教学目的、任务和学生身心发展的特点，有计划地引导学生掌握知识、认识客观世界的过程，也是促进学生全面发展的过程。

一、教学过程本质

到目前为止，教学过程的本质尚处于未有定论的阶段，我国对教学过程本质的探讨概括起来主要有下列观点。

1. 特殊认识说

这种观点以马克思主义认识论原理为指导，依据苏联教育家凯洛夫的基本主张。该观点认为，教学过程是一种特殊的认识过程。

首先，教学过程是一种认识过程。教学过程和认识过程都是人脑对客观世界的反映，只不过认识过程是主体直接作用于客体，而教学过程是主体学生通过教师间接地作用于客体，教学过程中师生同样是在传授、接受知识的过程中去认识客观世界，并同时发展自身的各种能力和素质。因此，教学过程本质上是一种认识过程。

其次，教学过程是一种特殊的认识过程。这种特殊性主要表现为以下方面：（1）间接性，教学过程主要是学生掌握人类长期积累起来的科学文化知识，以此为中介间接地认识客观世界；（2）引导性，教学过程中学生的认识是在教师的引导下完成的；（3）简捷性，教学过程中学生的认识完全走的是一条捷径，许多知识是人类经过数百年甚至上千年才总结出来的，但学生在很短的时间内就能掌握；（4）教育性，教学过程是中学生进行认识的过程，同时也是德智体美等全面发展的过程。

2. 认识发展说

该学说认为，教学过程既是一个认识过程，也是一个发展过程，实质上是儿童认识与发展相统一的过程。认识与发展两者相辅相成，缺一不可。

持这种观点的人认为，教学过程是在教师有目的、有计划的引导下，学生主动积极地掌握知识技能、发展智能、形成世界观和全面发展个性的统一过程。无疑，它是对"特殊认识过程说"的一种扩展，不仅看到了教学过程中学生认识活动的一面，而且也意识到了通过认识活动而使学生各方面得到发展的一面。

3. 认识实践说

这种观点认为，教学过程是认识和实践相统一的过程。坚持这种观点的人认为，人类的活动有两类，即认识活动和实践活动。其本质特征表明，教学过程也包含认识和实践两个方面：不仅是学生在教师指导下掌握人类已有的知识经验，发展认识世界的技能、能力的认识过程，而且还是一种师生共同参与改造主观世界、促进个性的形成、推进个体社会化的实践过程。所以，从根本上说，教学过程实质上是一种认识-实践相统一的过程。

4. 双边活动说

这种观点认为，教学过程实质上是教师的教与学生的学相结合的双边活动过程。认为其他的论断并不能表达教学过程的"双边性"这一真实本质，而是把"简单"的教学过程问题"复杂化"了。应该承认，将教学过程看作是教师的教和学生的学的双边活动过程，为进一步探讨教学过程的本质奠定了认识论的基础。

二、教学过程的特征

1. 教学过程的内在规定性

教学过程的内在规定性应从以下方面去把握。

（1）教学过程是一种师生交往的动态过程　在教学活动中普遍存在着教师与学生、学生与学生之间的交往活动。这种交往有不同于一般人际交往的地方，它是以促进学生发展为目的，以人类的文明成果（课程）为中介的一种社会性相互作用。

（2）教学过程是教师指导下学生的特殊认识过程　教学过程主要是引导学生掌握人类长期积累起来的知识的认识过程。同时，教学过程又是一种特殊的认识过程，这是因为学生的个体认识与人类总体认识以及非学生的个体认识均不同，这就形成了教学过程中认识的特殊性。

（3）教学过程是一个促进学生身心发展的过程　教学过程中学生的认识活动是从全面培养人的角度出发的，学生的认识结果也是以学生个体是否得到全面发展来检验和评价的，由此可见，教学的出发点和目标就是要促进青少年德、智、体、美、劳的充分发展。

（4）教学过程是教书与育人紧密结合的过程　由于教学文本的编制和解释存在不同价值观，教师与教学环境具有潜在的思想影响，学生的学习也有不同的思想动机和态度，因此，教学过程渗透思想品质教育因素。

2. 教学过程的本质特征

（1）交往性　教学过程是教师的教和学生的学所组成的交往活动过程。即在教学过程中既包括教师教的一面，又包括学生学的一面，两者相辅相成，都以对方的存在为自己存在的前提条件，两者构成教学过程结构的主体并贯穿于教学过程的始终。在这个交往活动中，教和学都是能动的因素，他们之间互相影响又互相促进，彼此进行着多方面的交流与反馈。

（2）认识性　教学过程是学生的认识过程。教学过程是通过各门学科知识的学习，使学生沿着人类认识真理的这条途径逐步达到认识客观世界的。在教学过程中，学生的认识经历着从不知到知，从知之甚少到知之颇多，从知之不全到知之全面，从知之不确切到知之确切。与此同时，教师在引导学生解决知与不知的矛盾过程中，也在不断丰富自己的知识体系，积累教学经验，摸索教学规律，使自己的教学技能更加成熟。

（3）发展性　教学过程是学生的认识过程，但又不仅仅局限于认识过程，教学过程也是促进学生多方面发展的过程。苏联学者认为："教学理论的一个核心问题是确定教学的发展这一基本方针。"这种发展，赞科夫称其为一般发展，它包括智力的发展，情感、意志、道德品质和个性的发展等，而这些可以理解为学生的全面发展。

教学过程的认识性与发展性是相互联系的，认识水平的提高，会使各方面心理特征得到发展，而良好的心理特征，如情感、意志、习惯等会促进学生认识能力的提高。

（4）教育性　教学过程的教育性在任何时代、任何历史条件下都是一个不容否认的客观事实。任何阶级办学都首先考虑用本阶级的意识形态通过一定的教学目的、内容、方法、组织形式、校园文化等影响学生，把学生培养成为本阶级所需要的人。教师本人也处处以自己的思想、言论、行为影响和教育着学生。在教学过程中，学生不仅增长知识，发展能力，而且在情感、品德、观念、意志等方面也在发生变化，需要加强教育和引导。

三、教学过程的要素

1. 课堂教学的基本要素

对教学过程的基本要素的界定，学术界一直存在着争论，其中包括三要素说、四要素说、五要素说、六要素说、七要素说和三三构成说等。

三三构成说认为，教学过程由三个构成要素和三个影响要素整合而成，其中三个构成要素是学生、教师和教学内容，三个影响要素是目的、方法和环境。本小节试以三三构成学说为根据，分别从静态要素和动态要素进行教学要素分析。

2. 教学要素相关概念

（1）构成要素——教师、学生、教学内容　教师是指受过专门教育训练，在学校中向学生传递人类科学文化知识和技能，发展学生的体质，对学生进行思想道德教育，培养学生高尚的审美情趣，把受教育者培养成社会需要的人才的专业人员，在教学过程中充当设计者与指导者的角色；学生是指正在学校或其他学习地方受教育的人，是学习活动的主体；教学内容是学与教相互作用过程中有意传递的主要信息，一般包括课程标准、教材和课程等。

（2）影响要素——教学目标、教学方法和教学环境　教学目标是教学领域里为实现教育目的而提出的要求，反映的是教学主体的需要；教学方法是教师和学生为了实现共同的教学目标，完成共同的教学任务，在教学过程中运用的方式与手段的总称；教学环境是指教育者和受教育者对于课堂教学环境所需要的条件因素。

3. 构成要素之间的关系

教师、学生和教学内容，是教学过程中最基本的要素，教师设计教学内容，是教学的主导；学生是完成教学内容的主体；而教师和学生之间的互动活动又共同构成教学内容。

（1）教师中心说　教师中心说认为，教师是教学活动的标准，应该维护教师在教学活动中的绝对主导。教师是掌握一定的科学文化知识，经过教育专业学习和训练的人，能够引导学生学习。在教师的指导下，学生可以在较短的时间内高效地学习较多的文化科学知识。

（2）学生中心说　随着教学改革的不断深入，学生在教学活动中的主体地位得到确立。不少学者提出学生应该是教学活动的中心，一切教学要素都应围绕学生展开。学生个体差异性的存在，一方面要求教师在教学活动中以学生为中心，另一方面，又给教师提出了难题，充分体现学生个体差异性的课堂将"散乱无章"。

4. 对构成要素的分析

教师在教学活动中起着主导作用，但我们不能就此认为教师是教学活动的中心，一切都围绕教师展开，这会对教学活动造成片面的认识。学生中心说是新课改形势下为大多数师生所接受的学说，但在教学实践中也暴露出来很多问题，如学生个体差异性的把握，教学内容的完成，教师主导作用的发挥等。要解决这些问题，我们必须从以下影响要素着手。

5. 影响要素之间的关系的分析

教学目标的实现，借助于教学方法的有效实施，而教学方法的实行又离不开教学环境的影响，三者共同作用于教学构成要素；教学内容的实现，教师主导作用与学生主体作用都离不开影响要素的作用。

（1）关于教学目的的理论　美国认知教育心理学家布鲁纳，主张学习的目的在于以发现学习的方式，使学科的基本结构转变为学生头脑中的认知结构，因此，他的理论常被称为认知-结构论。为了让学生学习和掌握学科的基本结构，布鲁纳提出了四条基本的教学原则，即"动机原则""结构原则""程序原则"和"强化原则"。

（2）关于教学方法的理论　教学方法包括教学教法和教学组织形式，教学教法是教师专业知识的体现，而教学组织形式则是教师经验与专业知识的结合，新课改要求教师在教学组织形式上更加新颖与科学，教学组织形式的创新既能保持课堂的规则不被打乱，又能调动学生的积极性，如教师全程调控课堂，开展协作教学、友伴分组教学等，这些创新也是教学方法上的创新。

（3）关于教学环境的理论　教学环境包括设施环境、时空环境和自然环境，它通过班风、课堂气氛、情感环境与师生关系得以体现。老师要提供一个有准备的环境，让环境教育孩子，体现出丰富性、个别化。

6. 教学要素对课堂的影响

良好课堂教学的表现是：良好的教学氛围；素质全面的教师；学生在教学中的良好状态；科学、合理的教学内容；恰当的教学模式、方法和手段。基本评判标准是：预设性目标与生成性目标的统一；学生群体的共性发展与学生个体的差异性发展的统一；学生即时性发展与延时性发展的统一；学生发展与教师专业发展的统一。

四、教学过程的规律

教学规律是指教学现象中客观存在、必然、稳定、普遍的联系。它对教学活动具有制约、指导作用。教学过程内部的各种因素相互依存、相互作用，形成了一些稳定的、必然的联系，这正是教学过程规律性的体现。教学过程的基本规律如下。

1. 直接经验与间接经验相统一的规律

直接经验和间接经验相结合，反映了教学中传授系统的科学文化理论知识与丰富学生感性认识的关系、理论与实践的关系、知与行的关系。

（1）学生以学习间接知识为主　在教学过程中，学生学习的主要是间接知识（书本知识），并且是间接地去体验。学生主要通过"读书"去"接受"现成的知识，然后再"应用"和"证明"。

（2）学习间接知识必须以个人直接经验为基础　直接经验是间接经验的基础。在教学中，学生学习书本知识必须依赖于学生个人的直接经验，缺乏必要的直接经验，就会造成接受间接经验的困难。因此，教师在教学中要充分利用学生已有的知识，增加学生学习新知识所必需的感性知识，以保证教学的顺利进行。

（3）学习中要组织学生进行初步的探究活动　随着社会的进步和科学技术的不断发展，学生参加的实践活动内容越来越丰富，学生的聪明才智将得到更为完善的发展。学生在学习中，在某些方面有所发现、有所创造是完全有可能的。因此，教学中，教师不仅要使学生继承人类知识的成果，还要根据学生的身心发展水平，让学生自己去发现问题与解决问题，培养他们分析与解决问题的能力。

2. 掌握知识与发展能力相统一的规律

知识是人的智力劳动的产物，任何知识都蕴含着一定的智力价值，都能给人的智力发展以一定的积极影响，这便是知识内容的智力属性。知识的智力价值是掌握知识与发展能力相统一的理论基础，它表现在知识的智力价值的产生过程和知识的智力价值的体现过程。一般认为，在教学过程中掌握知识与发展能力是相互依存、相互促进的。

① 知识是能力发展的基础，能力的发展又是掌握知识的前提条件；②只有引导学生自觉地掌握知识和运用知识，才能有效地发展他们的能力。

3. 知识传授与品德教育相统一的规律

在教学过程中，不仅要引导学生掌握知识，而且要提高他们的思想觉悟。教学具有教育性，其内在机制是书能育人、教书的人能育人、教书的活动能育人。

(1) 掌握知识是提高思想觉悟的基础　人类思想意识和世界观的形成离不开人们的认识，需要以一定的知识经验为基础。离开了知识的教学，学生不可能正确认识世界，思想觉悟的提高就会落空。在教学中，向学生传授科学知识，引导他们接触自然和社会，认识人生、社会和宇宙以及发展，不仅可以增长学生的知识，开拓其才能，而且可以帮助学生认识社会发展的规律，跟上时代的潮流，形成高尚的品德，为树立正确的人生观、世界观奠定良好的基础。

(2) 寓思想教育于知识教学中　教学的特点是通过传授富有思想性的科学文化知识来培养学生的优良品德。任何一门学科的教育内容都从不同方面科学地揭示了自然界、人类社会和思维现象发展变化的规律。因此，教师应挖掘教材本身的价值因素，寓教育思想于知识教学之中。

(3) 引导学生对所学知识产生积极的态度　学生掌握了一定的知识，并不意味着提高了思想觉悟，这与学生对知识的态度、情感有关。因此，在教学中，要引导和启发学生对所学知识的社会意义产生积极的态度，在思想上产生共鸣，形成自己的善恶观念、爱憎情感和价值追求。只有积极引导，才能转化学生的观点、信念，提高其思想修养。

4. 教师主导作用与学生主体作用相统一的规律

教学活动是由教师的教和学生的学组成的双边活动，学生是活动中的学习主体，教师对学生的学习起主导作用。

(1) 充分发挥教师的主导作用　教师在教学过程中处于组织者的地位，其主导作用表现在：教师的指导决定着学生学习的方向、内容、进程、结果和质量，对学生的学习起引导、规范、评价和纠正的作用。教师的教还影响着学生的学习方式以及学习主动性、积极性的发挥，影响着学生的个性以及人生观、世界观的形成。

(2) 充分发挥学生参与教学的主体能动性　学生是学习的主体，在教学中要尊重和发展学生的主体意识和主动精神，让学生成为学习的主人。教师不能把学生看作是简单的认知体，要把他们看成是有完整生命、具有自我意识的人。要让学生主动参与学习活动，调动他们的主动性和积极性，真正成为学习的主人。

五、化学教学过程的特征及优化

化学教学是一个复杂的系统，是由教师、学生、教学信息和教学手段等相互作用和相互联系着的若干要素以一定结构方式结合成的、具有特殊功能的有机整体。

1. 教学过程的一般特征

教学过程本质上是学生的一种认识过程，其特殊性表现在：间接性，引导性，简捷性，序列性，互动性。

2. 化学教学过程的特征

化学教学过程主要有如下特殊性。

① 以实验为基础；

② 以化学用语为工具；

③ 以"宏观、微观、符号"三重表征有机融合的特有思维方式认识事物。

可观察现象的宏观世界，分子、原子和离子等微粒构成的微观世界，化学式、方程式和符号构成的符号世界构成了化学学习的三大领域。其内容特点决定了在化学学习中，学习者必须要从宏观、微观和符号等方面对物质及其变化进行多种感知，从而在学习者心理上形成化学学习中特有的"三重表征"形式：宏观表征、微观表征和符号表征。这三种表征形式之间不是孤立的，而应有机地融合，共同构成学习者对化学知识完整的表征系统。

3. 化学教学过程的优化

化学教学过程的优化是指教师通过对化学教学系统的分析和综合，通过对化学教学方案的设计、调整，争取在现有条件下用最少的时间和精力去获得最大可能的结果。

化学教学过程的优化理论依据是巴班斯基的最优化教学理论。新课程背景下要实现化学教学过程的优化，必须做到：优化教学目标，优化教学内容，优化教学方法，优化教学媒体。

第三节　化学教学方法

施教之功，贵在得法。教学方法包括教师教的方法和学生学的方法，是教师引导学生实现"三个维度"目标，获得身心与个性和谐发展而开展的共同活动方法。

任何一门学科都有其内在规律，按照其规律及特点去学习、探讨，这是基本的方法。目前，在中学化学教学中，常用的有以下教学方法。

一、讲授法

讲授是教师运用简明生动而富有逻辑性的口头语言，向学生传授知识，促进学生智力发展的一种行之有效的教学方法。它能在较短时间内简捷地传授大量知识，方便而又及时地向学生提出问题，指出解决问题的途径。特别是对化学教材中抽象的内容，必须通过教师讲授以促使学生积极思维。化学教学中其他的教学方法，都必须和讲授相结合。因此，讲授法是化学教学最基本的方法。在具体运用中，因进行的方式不同，讲授法又分为：讲述法、讲解法、讲演法、谈话法。

1. 讲述法

讲述法多用于感知不太丰富的低年级学生。此法的特点在于教师充分运用生动形象的口头语或配合图表，叙述所讲的对象或描绘事实材料。例如，科学发展史、化学家生平、化学现象的描述等一般都用讲述法。

2. 讲解法

讲解法适用于各个年级的教学。教师在解释化学现象产生的原因、化学概念含义以及化学原理的本质时，用明达的语言对所讲内容进行分析、比较、综合和论证，以揭示事物的本质，启发引导学生作出理论的概括。

讲述和讲解，一般以教师短时间的口述形式表现出来，它们又总是和其他教学方法配合在一起使用。

3. 讲演法

如果把讲述和讲解结合在一起，有时还配合演示实验和其他直观教具，形成教师系统的且持续时间较长的讲话，通常称之为讲演法，讲演法主要用在讲授高年级理论性较强的教材。它要求学生具有持久稳定的注意力。

4. 谈话法

谈话法适用于初中化学课的教学。教师根据教学目标，教学内容的重、难点和学生的实际水平，把教材编成若干个有内在联系的问题，采用提问或设问的方式引导学生围绕问题积极思维，去获得新知识的讲授方法。

谈话法是通过师生之间、同学之间口头对话方式进行教学的一种方法。然而它绝非是简单的问答，它既包括教师的启发性提问与讲解，又包括学生答问、讨论和练习等活动。所以，谈话法是课堂常采用的一种教学方法。

二、演示和展示法

演示和展示法最具理科特色。上课时，教师配合讲授法给学生演示化学实验或展示实物、模型等直观教具以及采用现代教育技术手段，用以说明或验证所传授的知识。该教学法的特点是使学生获得丰富的感性材料，加深对所学知识的印象，把理论、书本知识和实际事物联系起来，以形成正确的概念。在用该方法的过程中，教师的主导作用体现在引导、启发、讲解，促进学生把通过感官获得的感性材料转化为积极的思维活动，从而形成正确的概念。

运用演示和展示法教学时，要求做到以下几点：①全班同学都能观察到现象，并能运用多种感官来感知学习对象；②实物模型，可分为形象模拟和结构示意，教学过程中要发挥学生的想象力，使他们从模拟的"形似"达到理解的"神似"；③中心突出、现象明显、操作规范；④通过教师演示与讲授结合，促进学生思考；⑤演示或展示的时间要适当；⑥及时总结，利于学生将知识与现象相联系，分析现象背后的本质，形成正确的化学概念。

三、阅读指导法

阅读指导法又称读书指导法，是教师指导学生通过阅读教材和参考书，帮助学生理解和掌握知识、扩大知识范围、发展智能的一种教学方法。这是培养学生自主学习的好方法。化学科学知识的广泛性和课堂信息的有限性之间的矛盾以及现代社会都要求在教学过程中运用读书指导法进行教学。此种方法能够使不同发展水平的学生都有所收益。

运用阅读指导法时教师要做到：①帮助学生选择合适的书目；②教给学生正确的读书方法，正确处理精读与泛读的关系，通过概念图找出知识之间的逻辑关系；③运用多种形式，使学生逐步养成良好的读书习惯。

四、练习法

它是以学生的实践活动为主，教师的必要总结讲解为辅的一种常用教学方法。其主要形式有口头表述、板演、书面作业、实际操作等。既有课内练习又有课外练习。

在教学过程中，应把练习与讲授、演示、实验等方法交相运用。特别是一些重要的化学用语、基本概念、基础理论与实验操作，要采用灵活多样的练习方式，经常、反复地进行。提倡精讲多练、讲练结合，要充分发挥练习在巩固知识、培养技能和发展能力方面的作用。

五、参观法

参观是课堂教学的补充和延续，也是理论与实践结合的一种教学方法。通过参观，学生可直接感知所学对象，加深对知识的理解和运用，既开阔眼界又发展了学生的观察能力。此外，参观过程中，学生亲自感受到祖国建设的伟大成就，对于培养学生热爱祖国、热爱劳动都具有积极作用。

化学参观的对象一般是工厂、农场、电化教育中心、科技馆和展览会等。参观之前教师要做好充分的准备。参观时，最好由任课教师进行现场指导或讲解。讲解时，要注重化学原理，不要在工艺流程等细节上花费气力。最后让学生根据参观的收获和体会，完成"参观总结"。

当然，教学方法远不止这几种，有待更进一步总结与探究。化学教学方法，在实现教学任务、实施教学内容、发展学生智力与培养学生能力等方面起着促进教学过程优化的重要作用。

第四节　化学教学策略和教学媒体

一、化学教学策略

在进行教学设计、构思教学方案时，通常要对教学过程预先做整体、概略的谋划与思考。这种对教学具有全面性、灵活性的谋划与思考就是教学策略。教学策略是为了解决教学问题、完成教学任务、实现教学目标而确定师生活动成分及其互动联系与组织方式的谋划与方略。它是实现教学目标的重要手段，主要研究"如何教"的问题，它的实现依赖于具体的教学方法和教学活动。教学策略具有不同层次，高层次教学策略一般指教学思想及其原则体系；中层次教学策略是指从教学实践中提炼、升华而成的经逐步完善，形成规范化和概括化的工作程序和工作方式，也可看作为教学模式；低层次教学策略是具体的教学策略，又称为教学思路，是对如何展开教学的具体想法，是教师在课时教学设计时所规划、实施的教学流程和教学活动。具体的教学策略是根据具体的教学内容、教学目标、学习起点和其他教学条件，在一定的教学思想和教学模式指导下，结合教学经验进行创造性工作的成果，是高层次教学策略的具体体现。教学设计中的教学策略设计包括高层次的教学思想、教学原则，中层次的工作方式、教学模式及低层次的教学思路的设计。设计时，设计者应根据教学内容、课型、教学目标、学生的学习水平及教学条件来选择合适的教学策略和教学方法，还要考虑如何从教学活动的发动与定向、教学活动的组织与实施、教学活动的反馈与评价等方面，采用有效的教学形式、安排适当的教学活动、选择准确的教学方法、采用具体的教学媒体、设计可操作的教学环节与步骤等。

教学方法是教师和学生在教学过程中为实现教学目的、完成教学任务所采取的教与学相互作用的活动方式与手段的总和。进行教学方法设计，首先要明确教学活动的目的、活动的客体、教学策略，然后确定主体与其他要素相互作用的方式，选择适宜的方法与手段。

教学策略与方法的设计应以学生主动和有效的学习策略为基础，注意培养学生的主体意识和主体能力，注意引导和促进学生形成和掌握合理的学习策略。因此，在进行化学教学策略设计时应优先考虑如下高层次的教学策略。

1. 突出学生学习主体地位的策略

教学设计应突出学生学习主体地位的教学思想。这一教学思想指导下的教学设计应摆正教学过程中的师生关系，突出以学生为中心，教师起组织、指导、帮助与促进者的作用，围绕这一关系去选择教学方法、设计教学活动及其方式。这种教学策略的首要点，教师要变成教学的引导者、帮助者。

2. 培养学生自主构建知识的策略

学生的学习是自主构建个体性知识意义的过程。个体性知识意义的构建是他人代替不了的。从这一意义上说，知识的学习是学生自己的事，教师只起帮助、促进的作用。以这一策略指导下的教学设计，应突出学生自主学习、探究学习和合作学习活动的设计，突出教师对学生自主构建知识学习活动的引导与指导，这一教学策略的实施不仅有利于学生知识的构建，而且有利于学生主体意识、主体能力的培养，有效学习策略的形成和学会学习。

3. 促进学生全面发展的策略

教学设计应围绕促进学生的全面发展去选择教学方法、设计教学活动。在注重知识与技能活动的同时，应注意学生在过程与方法、情感态度与价值观方面获得的教学活动的设计。

4. 以实验为基础的教学策略

以实验为基础是化学教学的特征。化学教学理应突出实验在化学教学中激发兴趣、提供感性知识、训练技能与方法、培养能力、养成科学态度与科学精神、进行唯物辩证教育等全方位的教学功能，并尽力通过实验来实现教学过程中的上述功能设计。

二、教学媒体

教学媒体是承载教学信息的物体，是存储和传递教学信息的工具。它一般可以分为传统教学媒体和现代教学媒体。它们为实现同一教学目标服务，相辅相成，互相结合，构成教学媒体体系。

在课堂教学中，媒体教学可理解为辅助课堂教学、完成教学任务所采用的辅助工具。在教学中，教学媒体的选择，应根据教学内容而定，只要能说明问题、解决问题，则选用简单的教学媒体为好。

随着素养教育的全面展开、信息技术的迅速发展，现代教学媒体，特别是以计算机为中心的现代教学媒体，逐步为教育教学采用，从而为教育注入了"现代化"的理念和新的生机。

1. 现代教学媒体在教学中的功能

现代教学媒体作为一种教学手段，主要功能为辅助教学，其对教学任务的落实和学生能力的培养方面有明显的促进作用。就现代教学媒体辅助教学而言，具有以下功能。

（1）增进学习效率　人们的学习是通过多种感官（眼、耳、鼻、舌、身）把外界信息传输给大脑中枢而形成的。这些感官的功能各异，其中眼最灵，耳次之。在学习中，眼、耳、脑的功能发挥得越好，学习效率就越高。现代教学媒体，通过鲜明、活泼有趣的音像画面、动画声音，延伸眼、耳、脑等感官的学习功能，从而增进学习的效率。

（2）使抽象、微观的知识形象化、具体化　化学概念及原理大多数较为抽象，物质的微观结构既看不见又摸不着，且化学变化又是在原子基础上重新组合的结果。现代教学媒体可以通过动画模拟，把抽象的概念具体化，把微观的知识形象化，把不容易观察的现象清晰化，增强感性认识，把课堂内容具体、形象、生动地展现在学生面前，使学生更好地理解、掌握知识。

（3）模拟化学实验　一些化学实验有复杂、危险（如氨的催化氧化）、要求高、难以操作的特点。对于这些实验，不适合或无法在课堂上演示，教师可以利用现代教学媒体，把这些实验的操作过程形象、具体地展现出来，使学生一目了然，避免危险性、难以操作等。

（4）扩大信息量　通过现代教学媒体，可以让学生在课外自己查阅资料，除在有限的课堂内获得更多的、感兴趣的知识，扩充他们的信息量，这对学习起到很好的补充、拓宽作用。

（5）激发学生学习兴趣　现代教学媒体集文字、图像、声音、动画、影视等各种信息传输手段为一体，生动形象，具有很强的真实感和表现力，易于激发学生的学习兴趣和内部动机，引起注意，使学生在比较轻松的情境中进行学习。

现代教学媒体多种多样，各种教学媒体均有其基本特征和功能，作为教学工具不可缺失。

2. 几种常见教学媒体

(1) 实物投影仪 实物投影仪可以将文字、图片、幻灯片、投影片及实物教具的画面清晰、逼真地重现，满足学生学习的需要。它一般用在以下方面：平面物体的展示，立体物体和实验过程的演示。

(2) 电视和录像机 电视可以呈现声画同步、形象逼真地影像，可以对节目进行复制、转录，可随放随停，特别是它摄像方便，简便易行，所以是目前最为广泛使用的电教媒体。

录像机是记录和重放电视图像的一种电子设备，利用摄像机和录像机，可把复杂、危险、要求高、时间长的实验拍成录像，于课堂播放，而且可以长期使用。选择用录像在课堂上演示，有助于开阔学生视野，扩大学生知识面，激发学生的求知欲。

(3) 计算机 计算机一般用于辅助教学，称计算机辅助教学（CAI），计算机在化学教学中应用于以下几个方面：①微观物质的模拟。微观物质的结构及其运动是人直接用肉眼不能观察到的，通过语言描述比较困难，运用计算机模拟，可以将其转变成肉眼能观察到的直观现象，如晶体结构，较复杂的分子结构，有机物的同分异构，化学反应中分子的离解、原子的结合，以及原子核外电子的运动等，借助于计算机的三维动画功能，可以对它们任意进行组合、旋转、拆分、着色、堆积、改变观察角度等操作。这样有利于学生对物质结构的理解和其空间想象能力的培养。②化学实验的模拟。由于化学实验硬件条件的限制和化学试剂昂贵等因素，难以进行的演示实验或学生实验，如黄金溶于王水、温室效应、酸雨形成等；有危险或错误实验操作引起危险系数高的实验，如稀释浓硫酸的操作；所需时间较长的实验，如硫酸铜大晶体的制备等都可以通过生动、逼真的计算机模拟来揭示变化的本质。模拟实验也可与某些实物实验结合，通过局部放大模拟或微观变化宏观展现来解决实物实验的不足等。

(4) 多媒体与计算机网络 多媒体网络教育是把计算机技术、多媒体技术、网络技术和现代教学有机结合起来的一种辅助教学手段。利用电脑多媒体网络来辅助教学，能把文字、声音、图像、动画等传播媒体集于一体，并赋予教学信息传播的交互功能，计算机网络则能跨越时空共享教学资源，使教师和学生能随时随地获取各种化学知识，提高教学资源的利用率。如：化学概念及原理的教学，可以通过计算机软件进行动画模拟、制成 CAI 课件，能形象生动地表现分子、原子等微观粒子的运动特征，变抽象为形象，让学生直观形象地认识微观世界，更容易了解化学变化的实质，理解化学原理。

随着网络技术的迅猛发展，多媒体信息的自由传播，教育资源在世界的交换和共享已成为事实，其打破了现有的地域界限、学科界限，应用电脑多媒体网络辅助教学，起到了缩小落后地区与发达地区的教育差距。

3. 多媒体辅助课堂教学应注意的事项

多媒体在教学中只起辅助作用，使用时应注意以下几点：

(1) 不宜代替教师 计算机不能像人一样具体问题具体分析，不能根据学生的情况及时调整教学方法和教学手段；所以，计算机只起辅助作用，起主导作用的应是教师。

(2) 不宜全部替代实验 在教学中，实验是学生学习化学理论、掌握实验操作技能、培养严谨的科学态度必不可少的过程。课堂上的实验，凡是能做的，都应由教师演示或学生亲自操作，这样可以增加教学的直观性，有利于培养学生的观察能力和分析、推理能力，有利于学生掌握实验的基本操作。只有当实验难做、毒性大、危险、干扰多、实验现象难以观察时，才采用计算机模拟实验。

（3）注意内容的科学性　在多媒体教学设计中，必须考虑媒体所表现的教学内容是否正确、科学，这是有效教学的前提。在运用多媒体进行教学时，我们既要形象地表达某一个知识内容，在视觉上给学生美的享受，以吸引学生的注意，激发他们的学习热情和学习兴趣，把深奥的问题简单化，又要注意媒体设计的艺术性、协调性以及教学内容的科学性，不能出现知识性的错误。

（4）多种媒体的有机融合　课堂教学传递信息的方式是多种多样的，如教师语言、教科书、黑板板书、挂图、标本、实验、实物投影仪、电视、计算机等，都有自己的特点、功能和局限性，一种媒体的局限性往往又可由其他媒体的优越性来补充。任何好的课件，都无法预测课堂变化，也无法调节课堂程序，它必须是多种教学媒体的有机结合，才能收到最佳效果。所以，我们在使用多媒体辅助教学时，要具体问题具体分析，尽可能将多种教学手段结合，发挥各自最优势的方面。

参考文献

[1]　刘知新. 化学教学论[M]. 5版. 北京: 高等教育出版社, 2018.

[2]　钟启泉, 崔允漷. 新课程的理念与创新——师范生读本[M]. 2版. 北京: 高等教育出版社, 2003.

[3]　顾明远, 孟繁华. 国际教育新理念[M]. 修订版. 海口: 海南出版社, 2001.

[4]　江家发. 化学教学论[M]. 安徽: 安徽师范大学出版社, 2014.

[5]　王云生. 高中化学教与学丛书·化学[M]. 福州: 福建教育出版社, 2005.

[6]　吴俊明. 化学学科认识障碍及其诊断与消除. 化学教学, 2018(4): 5.

第四章　化学教学设计的理论与方法 4

第一节　教学设计概述

一、教学设计的概念与特点

教学设计，也称教学系统设计，是面向教学系统，解决教学问题的一种特殊的设计活动。它既具有设计的一般性质，又必须遵循教学的基本规律。

1. 教学设计的概念

教学是通过信息传播促进学生达到预期的特定学习目标的活动，是指有组织有计划的教与学的活动总称。美国教育家格拉瑟（R.Glasser）认为，所有教学活动都包含：教学目标、起点行为、教学活动、教学评价四个部分。因此，教学设计必须依据现代教育理论，运用系统工程方法进行构思和优化。

关于教学设计的概念，美国教学设计代表人物加涅界定为："教学设计是一个系统化规划教学系统的过程。教学系统本身是对资源和程序做出有利于学习的安排。任何组织机构，如果其目的旨在开发人的才能，均可以被包括在教学系统中"。国内外许多学者对"教学设计"概念也做了深入研究，归纳起来有以下主要观点。

（1）"方案"说　刘知新教授认为：教学设计就是预先构思并表达关于教育教学活动目标、过程和结果的意象观念和活动方案的过程。

郑长龙教授认为：运用教学设计的一般原理和方法，对化学教学方案做出的一种规划。

这种观点认为，教学设计是运用系统方法分析教学问题和确定教学目标，建立解决方案，评价试行结果和对方案进行修改的过程。

（2）"方法"说　何克抗教授认为：教学设计是以传播理论和学习理论为基础，应用系统理论的观点和方法，调查分析教学中的问题和需求，确定目标，建立解决问题的步骤，选择相应的教学活动和教学资源，分析和评价其结果，使教学效果达到优化的一种系统研究方法。

这种观点认为，教学设计是一种研究教学系统、教学过程和制定教学计划的系统方法。这种方法着眼于激发、促进、辅助学生的学习，并以帮助每个学生学习为目的。

（3）"计划"说　王磊教授认为：教学设计是"运用系统方法与技术分析、研究教学问题和需求，确立解决它们的途径和方法，并对教学结果做出评价的系统计划过程"。

这种观点认为，教学设计是用系统的方法分析教学问题，研究解决问题途径，评价教学结果的计划过程。

除了以上三种观点外，还有"技术"说，"操作"说等观点。

归纳以上观点，"教学设计"具有两种特征：教学是一种有目标的多边活动，设计就是为实现某一特定目标而构思的教学工作计划和方案。

2. 教学设计的特点

我们认为，教学设计就是教学主体，依据一定的教学内容，在系统理论和现代教育理论指导下，预先构思并表达关于教学活动目标、过程和结果的意象的观念结构和活动方案的过程。

在这一定义之下，教学设计具有如下特点。

（1）理论性　教学设计必须要依据现代教学理论、学习理论和传播理论，对教学过程的诸要素进行优化设计，以保证设计的科学性和合理性。

（2）系统性　教学设计必须运用系统方法，从教学系统的整体功能出发，综合考虑教学双主体、客体、媒体和评价等各个要素在教学中的地位和作用，使之相互联系、相互促进，产生整体效应，以保证教学中的"目标、策略、媒体、评价"等要素协调一致。

（3）差异性　教学设计必须以学习者为出发点，将学习者的特征分析作为教学设计的依据，它强调充分挖掘学习者的内部潜能，调动学习者的主动性，促使学习者内部学习过程的发生和有效进行。它注重学习者的个体差异，需要分析学习者的一般特征，起点能力及终点能力，认知特点和认知风格，行为习惯等个性特点，强调教学设计对学习者的指导作用。

（4）应用性　教学设计作为一门联系理论和实践的新兴科学，一方面它把教学理论的研究成果运用于教学实践，指导教学工作；另一方面，它将教师的优秀教学经验升华为教育科学，充实和完善教师的教学理论。在教学实践中，通过教学设计，可以充分反映教师的教育理论水平和现代教育理念。

（5）层次性　教学设计的对象是教学系统，教学系统是有层次的，它可以大到一门课程，小到一个课时或一个基本教学单元。因此，教学设计也有层次性，其基本层次分为课程教学设计、学段（学年或学期）教学设计、单元（课题）教学设计、课时教学设计四个层次。由于课程教学主要以课堂为主体展开进行，所以，我们将侧重讨论以"课堂教学"为中心层次的课时教学设计。

基于上述对教学设计特点的分析，我们对化学教学设计的界定是：运用系统方法分析化学教学背景，确定化学教学目标，建立解决化学问题的策略，选择教学媒体，形成并实施教学方案，评价反思试行结果和对设计方案进行反馈修正的过程。

二、教学设计的基本发展与基本层次

教学设计的历史发展与其他学科的发展一样，也经历了意识由朦胧到清晰，操作由经验到规范，理论由假设验证到系统科学的发展过程。

1. 教学设计的发展阶段

根据教学设计不同发展水平和特点，教学设计有以下四个发展阶段。

（1）直感设计　指设计者主要根据自己的主观愿望或直观感觉来进行的教学设计。这种设计带有随意性、盲目性、无教学理论指导、缺乏规范性。存在于近代教育活动初期。

（2）经验设计　指设计者以教学实践中积累的经验为主要依据，以过去的教学经历为模板进行设计。这种设计随着实践经验不断积累，教学设计逐步进化到经验设计水平，其目的性和直觉性有所提高，但仍具有直感性，缺乏规范性和理论性，尤其受设计者的经验和概括能力影响，其教学效果难以稳定发展。在当前新课程的改革形势下，应特别注意消除经验设计带来的不良影响。

（3）试验设计　指设计者先根据某些理论或假说进行验证性教学试验，再总结试验情况，在实践规范的基础上进行的教学设计。这种教学设计，使设计依据的可靠性增强，设计质量有所保证，且能促进教学水平的提高和成熟。但是试验设计的质量受到理性认识的正确性、完备性以及试验的有效性影响而发生变化。

（4）系统设计　指设计者依据完备的教育理论，运用系统工程方法进行的教学设计。

建立教学设计的构想最早来自美国学者杜威、桑代克。二十世纪中叶，以斯金纳为代表的行为主义学习理论、奥苏贝尔为代表的认知心理学的建立与发展为标志，形成了现代教学设计的理论体系。经过国外几代教学设计理论体系和模式的发展，随着系统科学方法与教育理论的有机结合，人们逐步认识到教学是一个系统，教学设计是一个系统控制过程，据此来改进教学设计，使教学设计逐步进入系统设计阶段。世界上任何事物都是作为系统而存在的，而任何系统都是由相互作用和相互依存的若干要素构成的。教学系统从主客体关系划分，其构成要素主要有施教主体（教师）、学习主体（学生）、教学媒体（包括教学内容、方法、手段、多媒体设施等）；从时间流程的维度来划分，主要构成要素是教学目的、教学内容、教学方式与教学结果。

而系统设计，注重教学理论的指导作用，遵守教学系统的运行规律，运用相关的科学理论，处理系统内各要素的相互关系，具有很强的科学性、规范性、指向性、可行性和有效性。教学系统设计就是把教学作为一个系统，教学过程作为一个系统控制过程，遵循系统运行规律，运用系统方法和科学理论，使系统各要素之间达到协调统一，以此提高系统的整体功能水平，使教学效果具有较强的预见性，使教学设计提升到新的层次，形成质的飞跃。教学系统设计代表了当今教学设计的最高水平。

2. 教学设计的基本层次

现代教学设计为系统设计，层次性是一切系统的共同特点之一。教学系统可分为不同的层次，与此相对应，教学设计也可以分为几个不同层次。

（1）课程教学设计　课程教学设计主要解决课程指导的总体规划，制定课程教学的蓝图和宏观方法。它一般包含以下内容：

① 根据课程标准制定课程教学的任务、目的和要求；

② 根据课程教学的任务、目的和要求，规划、组织和调整教学内容；

③ 构思课程教学的总策略和方法系统；

④ 在上述工作基础上，制定课程教学标准或课程教学计划。

（2）学段（学年或学期）教学设计　学段教学设计是对一学期教学工作的阶段性规划。它是在完成课程教学设计，了解学校学年（或学期）教育教学计划之后，在通读和初步研究教材，了解前期，特别是上一个学段学生的学习基础、认知能力、情感态度等方面的一般特点和发展可能性，了解教学资源和物质条件的基础上进行的设计。主要包括以下内容：

① 考虑本学段教学工作与前后教学工作的联系；

② 进一步确定本学段教学工作的任务、内容（重点）、进度、基本工作方针、措施及教学评价工作；

③ 制定学段（学期）主要活动计划；

④ 在上述工作基础上编制学段教学工作计划或教学日历。

（3）单元（课题）教学设计　单元（课题）教学设计是对一个内容单元教学工作的局部规划，是以课程教学总体设计和学段教学设计为依据，对一单元教学活动的系统设计。单元教学设计的主要内容是，在比较深入分析教学内容和学生学习状态的基础上，进行以下工作：

① 确定单元教学任务、目的和要求；

② 确定单元具体教学内容；

③ 确定单元教学的结构、策略和方法系统，包括怎样把握单元内容的内部联系和外部联系，怎样做好重点内容的教学，划分各课时的教学内容，确定学习方式等；

④ 确定单元教学评价工作方案；

⑤ 在上述工作基础上编制单元教学计划等。

（4）课时教学设计　课时教学设计是在课程教学设计、学段（学期）教学设计和单元（课题）教学设计的基础之上，根据具体的教学内容、教学条件，以课时为单位进行的教学设计。其内容比较具体和深入，是在深入进行系统各要素分析的基础上的设计。课时教学设计主要包括以下工作：

① 根据教学对象进行学习者分析；

② 围绕课时内容进行教材分析；

③ 确定课时基于学科核心素养（三个维度）的教学目标；

④ 确定课时的教学重点和难点；

⑤ 设计课时的教学策略、教学方法、教学过程；

⑥ 选择和设计教学媒体；

⑦ 准备课时教学评价和调控方案；

⑧ 在上述工作的基础上，编制课时教学工作方案。

这四个层次的教学设计，从目标与内容上由宽泛到具体，由整体到部分，有逐级制约的关系。因此，进行教学设计时，应注意不同层次教学设计的特点和要求。在了解前一层次教学设计的基础上，用整体观念指导部分工作进行教学设计，尤其是在熟悉整个中学化学教学内容、领会化学课程目标的基础上，开展化学课时教学设计。

三、教学设计的基本要求与基本原则

教学设计的根本任务是提高教学质量和课堂效率，培养具有学科核心素养的高素质人才。因此，教学设计应该符合以下基本要求与基本原则。

1. 以系统观念和现代教育理论作指导，发展教学系统的整体功能

系统的整体功能是各要素的功能和各要素间结构功能之和。化学教学设计除了要最大程度地发挥教师、学生、教学媒体等要素的各自功能外，还要尽可能发挥教师与学生、教师与媒体、

学生与学生、学生与媒体、师生与教学环境之间的相互联系和结构功能。所谓运用系统观念指导化学教学设计，就是要让教学系统和学习系统两大系统功能尽可能做到最大限度发挥来进行设计。而两个系统功能和结构功能的最大限度发挥，又离不开现代教育教学理论的指导作用。

理论的指导是教学设计从经验层次上升到理论与科学层次的前提。依据现代教育教学理论进行教学设计，就是要求教学设计符合教育教学规律。如果教学设计不符合教育教学规律，教学就会出现随意性、经验化现象，教学质量不能得到保障。因此，进行教学设计时，必须以教育教学理论作指导，同时，还要注重通过教学试验来对所选择的教育理论与制定的教学方案进行检验、修正，以此为基础建立科学、合理的教学流程。

2. 要有利于提高学生的核心素养，促进学生全面发展

核心素养是现代公民必须具备的基本素质，是基础教育阶段新课程改革的出发点和重要归宿。化学教学应致力于提高学生的核心素养，促进学生全面发展。

为建立核心素养与课程教学的内在联系，充分挖掘各学科课程教学全面贯彻党的教育方针、落实立德树人的根本任务、发展素质教育的独特育人价值，各学科基于学科本质凝练了本学科的核心素养，明确了学生学习该学科课程后应达成的正确价值观念、必备品格和关键能力。化学课程努力提高学生的学科核心素养，应以主题为引领，使课程内容情境化，促进学科核心素养的落实以提高学生的学科核心素养，这是理所当然，义不容辞的。

要促进学生的"全面"发展，必须正确理解其含义。教学设计应坚持"知识与创新""宏观与微观""变化与平衡""科学态度与社会责任"全面发展的教学目标，不但注意提高学生的科学文化素质，而且还要提高他们的生理、心理素质和思想品德素质，使他们不但具备认知能力，掌握化学科学的基础知识以及信息收集处理能力，而且还具备独立思考和解决问题的能力、表达和交流以及评价的能力，能运用相关知识适应社会环境和社会发展。

所以，教学设计中要重视做好教学情境设计和教学过程设计，重视通过实验和预测保证教学设计方案能在实施后取得良好的效果，从而帮助学生完善知识结构、能力结构和品德结构，为全面提高学生核心素养奠定良好的基础。

3. 充分发挥学生的主体性，使学生体验自主建构知识的意义

建构主义学习理论认为，知识是不能完全被复制和传承的，学生学习过程是基于自己的经验和知识主动构建个体知识意义的过程。即学生形成的知识，是以外来知识信息与学生已有的知识、经验、心理活动和信念为基础相互作用后建构的新知识。基于这种学习观念，化学教学设计，应该突出学生学习的主体地位，教师在教学中应该提供适宜的学习环境，作为学习的先行组织者，在课程开发、学习指导、知识管理中扮演学生自主知识建构的合作者、促进者，发挥学生的主体性，把转变学习方式放在重要位置。本次课程改革的理念，就是重视和强化学生自主的、开放的探究学习。教学设计中，应广泛地应用实验探究、问题解决、情境教学、合作教学和实践教学等行之有效的模式，特别注意强化实验教学的探究功能，注意用研究性教学来改造传统的化学课堂教学。只有这样，才能保证学生在课程教学过程中的主体地位，充分发挥学生学习的主动性。注重发挥学生的"首创精神"，做好教师指导下的学生自主学习、探究学习、合作学习的活动设计。注重"教学情境"对知识建构的作用，引导学生参与教学过程，主动建构知识意义，而不是让学生被动接受知识结论，在"同化"与"顺应"的过程中实现知识

重构的活动设计。通过学生自主获取知识的学习以及体验知识建构过程的教学设计，使学生获得知识与技能的同时，又获得过程的体验，发展和养成学生相应的能力、方法、情感与价值观。

4. 体现最优化的设计原则

最优化是现代化学教学设计的基本出发点，所谓最优是一个相对概念，是指在特定范围特定阶段内的最优。最优化原则要求进行教学设计时，要充分考虑教学活动中对教学效果起制约作用的各种因素，如教学目标体系、教学策略、方法和程序、教学内容、教学媒体等，进行最佳综合协调，以取得最优的教学效果。

教学的"最优化"不等于"标准化""理想化"，要始终关注教学设计方案的可行性和实际效果，根据不同的教学对象和教学条件灵活处理，保证教学设计具有更强的针对性、适用性，有应用和推广价值。

四、教学设计的意义

现代教学设计的提出，是人们对教学活动规律的科学认识和理性思考的结果，是规范教学活动并使之逐步达到最优化的设计方案。教学设计既是教学活动的重要环节，也是一项复杂的教学艺术，学习和掌握教学设计具有十分重要的意义。

1. 有利于强化教学工作的科学性

教学设计遵循教学规律，将教学活动建立在系统方法的科学基础之上，应用系统观点和分析的方法，客观地分析教学规律和特点，从教学工作的问题和需要入手来确定目标，建立解决问题的步骤，选择相应的教学策略。

2. 有利于教学理论和教学实践相结合

长期以来，教学研究注重理论完善和发展，却忽视教学理论与教育实践的结合，强调理论的指导功能，轻视理论与实践的融合作用，故教学理论对教学工作的作用不显著，对教学一线的教师影响不大。而广大一线教育工作者，在教学实践中，尽管教学经验丰富，但由于缺乏教育理论素养，教学效果提升缓慢。这样一种状况，特别需要现代教学设计起到教学理论与教学实践相互联系的桥梁作用。一方面，广大教师运用系统教学设计理论，指导自己的教学实践活动；另一方面，也可以将自己丰富的、先进的教学设计经验，上升为教学设计理论和方法，使之进一步完善和指导教学实践。

3. 有利于教师的专业发展

当前我国已经实施多年的新课程改革，提出的课程理念强调以"学生发展为本"，在课程功能、结构、内容、实施评价和管理等方面，较原来的课程有了很大创新和突破。

新课程倡导一种新的课程文化，需要教师重新审视自己的角色定位和作用，改变传统课堂活动方式。新课程要求教师改变习以为常的教学理论、教学方式、教学行为、教学观念；新课程具有促进教师知识更新、转变观念，提升教学能力和提高教学质量的功能。

第二节 教学设计的模式与要素

在教学设计的理论与实践发展过程中，出现过许多理论叙述和操作模式，对各个实践环节也进行了深入的研究和细致分析。下面，将在分析教学设计模式的基础上，寻找教学设计的基本要素，绘制出化学教学设计的工作流程图。

一、教学设计过程模式

模式是再现现实的一种理论性的简化形式。教学设计的过程模式是在教学设计的实践中形成的，是运用系统方法进行教学开发、设计的理论简化形式。目前有关教学设计过程的模式有百种之多，下面选择几种模式，供大家学习。

1. 格拉齐和埃利模式（图4-1）

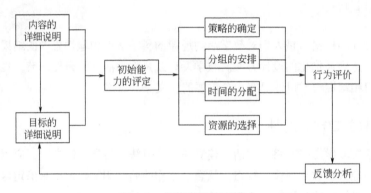

图4-1　格拉齐和埃利模式

2. 迪克和凯瑞模式（图4-2）

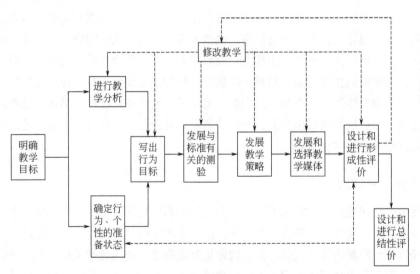

图4-2　迪克和凯瑞的教学设计模式

3. 我国学者教学设计的过程模式

（1）北京师范大学乌美娜教授设计的模式（图4-3）

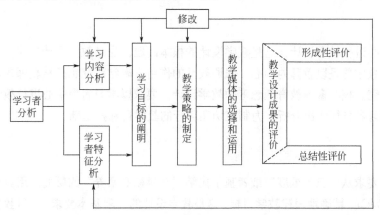

图4-3　乌美娜教授设计的模式

（2）北京联合大学徐英俊教授设计的模式（图4-4）

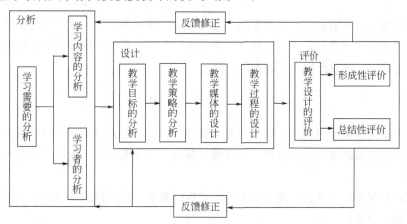

图4-4　徐英俊教授设计的模式

二、教学设计的基本要素

通过以上几种教学设计模式，我们可以提炼出教学设计模式的基本组成部分，如表4-1所示。

表4-1　教学设计模式的基本组成部分

模式的共同特征要素	模式中出现的用词
学习需要分析	问题分析，确定问题，分析、确定目的
学习内容分析	内容的详细说明，教学分析，任务分析
学习目标的阐明	目标的详细说明，陈述目标，确定目标，编写行为目标
学习者分析	教学对象分析，预测，学习者初始能力的评定
教学策略的制定	安排教学活动，说明方法，策略的确定
教学媒体的选择和利用	教学资源选择，媒体决策，教学材料开发
教学设计成果的评价	试验原型，分析结果，形成性评价，总结性评价，行为评价，反馈分析

这些共同特征要素构成了教学设计的过程模式，其中教学对象、教学目标、教学策略和教学评价则是教学设计的四大基本要素。

1. 教学对象

以谁为中心进行教学设计，这是教学设计的根本问题，也是教学设计之前，必须回答的问题。传统课堂教学总是以教师为中心，强调教师的作用，教学研究也是从教师角度出发围绕教师中心展开研究。核心素养教育理念下的教学设计，要求以学习者为中心进行教学设计，教学设计必须对学习者特征作出分析，为制定切实可行的教学目标打基础。

2. 教学目标

教学设计要求从"三个维度"或者基于化学"学科核心素养"的层面，用具体的可观察、可测量的行为动词，精确地表述教学目标，这是教学设计的一项基本要求。一旦教学目标确立，其他方面的设计便可围绕教学目标展开。

3. 教学策略

教学策略是实现教学目标的重要手段，是教学设计研究的重点。教学策略设计主要包括：设计有效的教学方法与学习方法，设计有效的教学环节与步骤，选择适宜的教学媒体及运用，有效利用现有教学资源及挖掘潜在的教学资源。

4. 教学评价

教学评价是教学设计中的一个极其重要的部分，它可以用来检验教学设计成果是否达到目标，并为修正教学系统设计提供依据。只有通过客观、科学的评价，教学设计工作才得以不断修正和完善。

上述四种要素是相互联系、相互制约的，完整的教学设计过程的其他环节都是在这四种基本要素的架构上建立起来的。

三、教学设计工作流程图

从操作层面分析，教学设计的过程包括以下几个阶段。

1. 背景分析阶段

在这个阶段中，设计者要对学习者、学习任务、学习需要等进行分析。

2. 构思设计阶段

这一阶段中，设计者对教学目标、教学策略、教学媒体、教学活动安排等做出选择和决定，并且设计出工作方案，考察其可行性。

3. 方案实施阶段

在这一阶段，教师必须树立现代教学理念，发挥教师的主导作用和创造性，充分运用各种教学手段驾驭课堂，灵活地实施教学设计工作方案。

4. 方案评价阶段

其主要工作是对教学设计方案进行评价、反思、修正。

综合以上叙述，教学设计工作流程图可以用图 4-5 表示。

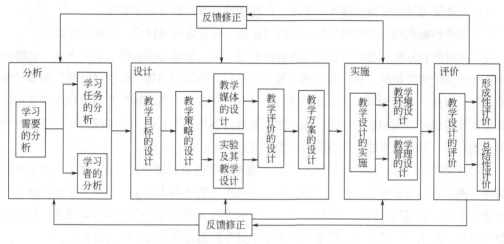

图 4-5　教学设计工作流程图

第三节　化学教学设计的基本环节与总成

化学教学设计有课程教学设计、学段（学年或学期）教学设计、单元（课题）教学设计、课时教学设计四种层次。在此，重点研究课时教学设计。

一、化学课时教学设计的内容

课时教学设计是以课时为单位进行的教学设计，与其他层次的教学设计相比，课时教学设计更具有可操作性。课时教学设计水平的高低直接影响课堂教学质量的效果。课时教学设计是每位教师最基本、最重要的工作，化学教学设计（课时）技能是化学教师必备的职业素养。

根据教学设计工作程序，化学课时教学设计将围绕课时教学内容，遵循背景分析、构思设计、方案实施、方案评价等四个环节（阶段）进行。

二、化学教学背景分析

教学设计是一个系统设计，首先开始于教学目标的设计。基于核心素养课程实施"以学生为主体"的教学理念，所以，对制约教学目标的化学课程标准、教材内容、教学对象、学习任务等教学背景进行全面深入的分析，是课时教学设计的首要环节。

（1）化学课程标准中相关内容分析　化学课程标准除规定化学课程目标外，还以具体的行为描述制定了每一学段共同的、统一的最基本的教学要求。因此，在进行教学设计时，要准确把握化学课程标准的要求，充分利用内容标准中的活动及探究建议、学习情境素材等内容，详细分析学生在经历某一课题学习后所应达到的基本要求，并将基本要求和学生已有的基础知识、基本技能相结合，在学生的最近发展区域内制定教学目标、确定学习内容、选择教学策略、创设教学情境、确定教学媒体、设计教学活动及评价内容。只有对化学课程标准进行深入分析研究，才能使教学设计更好地把握教学要求，体现课程宗旨，提高教学质量。

对化学课程标准相关内容的分析，本教材在第二章有详细的讨论，在此不再叙述。

（2）教材内容分析　教科书是依据课程标准编写的，是课程标准的具体化产品，是教师施教和学生学习的重要依据，也是教材的主要组成材料。新课程倡导"用教材施教"而非"惟教材施教"。因此，在新课程教学设计前进行教材分析，必须准确理解和把握教材内容及其呈现方式所体现的课程目标和教育理念，深入挖掘教材内容的知识价值，深刻感悟和领会教材内容所蕴含的思想、观点和方法。只有这样才能全面实现化学课程目标。

① 分析研究教材内容的知识类型。不同类型的教学内容具有不同特点，要求采用不同的教学策略。例如，对基本概念的教学，要尽可能通过生动具体的化学实验或事实来形成概念，突出概念的特征，重视概念的具体运用，加强基本概念与元素化合物知识的密切联系；把握好概念教学的深、广度，不能为追求概念的科学性和完整性而随意将概念扩展或深化。

案例研究："化学反应与电能"教材内容分析

本课题以人教版《高中化学》第二册第六章第一节第二课时内容为基础。课时内容的安排顺序是，根据学生已有的金属性质知识设计实验创设学习情境，引入认知冲突，并通过对铜锌原电池实验的分析，使学生领悟原电池的组成和原理，再利用原电池原理认识常见的化学电源。本课时内容是学生在学习了"氧化还原反应"与"化学反应与热能"等之后而学习的内容，学好本课时内容能为以后学好化学选修 1（化学与生活）中的金属腐蚀与防护，以及化学选修 4（化学反应原理）中的电解原理等知识打下基础。

② 把握教材内容的逻辑顺序。分析和研究教材内容与前后知识之间的逻辑关系，明确所学内容在整个教材体系中的地位和作用，以准确把握拟学内容的阶段性、连续性和深广度。

案例研究：高中化学第一册第一章第三节 "氧化还原反应"教材内容分析

氧化还原反应是高中化学基本理论的重要内容之一，本章内容是生活、生产和现代科技中经常遇到的一类重要的化学反应。它贯穿中学化学学习的全过程，是学习中学化学的主线和关键之一。在已学的课程中，物质燃烧、金属冶炼等都涉及氧化还原反应。通过这节内容的学习，了解化学反应有多种不同的分类方法，从反应前后元素化合价升降和电子转移的角度对化学反应进行分类，是从本质上对化学反应进行分类的方法。同时为电化学知识学习打下理论基础。

氧化还原反应的概念，初次出现在"九年义务教育·化学"课程中，分别从反应物得氧、失氧的角度定义氧化反应、还原反应，且氧化反应、还原反应属于各自独立的化学反应，没有归纳、总结它们之间的逻辑关系。

③ 分析和挖掘教材知识价值。所谓知识价值，就是指知识对个体发展的有用性，任何知识都具有多重价值。因为任何知识的获取都不是一个孤立的过程，它是科学家运用一定的科学方法，经历曲折艰难的探索过程而获得的，这个过程倾注了科学家的智慧，体现了科学家的思想和观点。

案例研究："质量守恒定律"教材内容分析

本课是人教版《化学》九年级上册第五单元课题1的第一课时，主要内容是认识质量守恒定律，认识化学变化中的质量关系以及在微观角度上原子种类和数目的变化。

本课是学生第一次从定量的角度认识和研究化学变化，之前学习了物质的微观结构以及具体物质"水"的组成，为学习质量守恒定律奠定基础。质量守恒定律是物质参加化学变化必须遵循的一项基本规律，学习质量守恒定律，也为之后对化学方程式和化学计算知识的学习打下基础。本课是初中化学的基本内容，是学生以后学习化学反应及其规律的基础，也是新课程标准中的要点。

研究表明，影响学生学习的最重要的因素是学生已有的知识基础，教师在研究教学内容时，应特别重视新旧知识之间的联系，通过和已有知识的相互作用，达到对新知识的意义同化，扩大和丰富认知结构，从而实现知识的意义学习。

三、学习者分析

新课程教学理念倡导以学生为主体，促进学生的全面发展。教学设计应以学生为起点，突出学习者在学习过程中的主体地位，促进教学过程的最优化。因此，必须重视在教学设计的准备过程中对学习者的分析。

对学习者进行分析，其目的是为教学设计各要素、教学内容的选择和组织、教学活动的设计、教学策略和媒体的选择提供科学依据和指导。

1. 学习者一般特征分析

学习者一般特征是指学习者在学习时对其产生影响的心理和社会特征。它们与具体学科内容虽无直接联系，但影响教学设计者对学习内容的选择和编组，影响教学策略、教学媒体、教学活动组织形式的选择与应用。教学设计的目的，是为了突出学生在教学过程中的主体地位，发挥和调动学生的学习积极性和主动性，有效指导学生在学习上获得成功。从教学角度来说，教学目标是否达成、教学任务是否完成，取决于学习者参与的程度。只要以学习者原有认知结构为基础，通过有效的教学活动，指导学生建立新的认知结构，就能使教学获得成功。

学习者特征有共性，也有差异性。相同年龄的学习者有大致相同的感知能力和信息处理能力，有相同的智力、心理和语言的发展过程。但是，相同年龄的学习者也存在不同类型智力的差异，社会和家庭背景的差异。

根据目前我国基础教育的学制，中学阶段包括人的少年期和青年初期。这一阶段正是青少年长身体、长知识、立志向、增才干，初步形成人生观和世界观的关键时期。基于人们的研究成果，可以归纳出我国中学生发展的一般特征。

(1) 思维发展方面 初中学生的抽象逻辑思维属于经验型，需要感性经验的直接支持，而高中学生的抽象思维属于理论型，它们能够用理论指导来分析、综合各种事实材料，从而不断扩大自己的知识领域。高中学生基本上可以掌握辩证思维方法（从一般到特殊的演绎过程，从个别到一般的归纳过程）。

(2) 情感发展方面 初中阶段，学生的自我意识更为明确。他们富于激情、感情丰富、爱冲动、爱幻想。他们在自我对"知情意"的调控中，意志行为日益增多，抗诱惑能力日益增强。

(3) 初中学生学习化学的一般特征

① 思维方面。语言、感知觉、记忆、想象和思维能力有了进一步提高，能够将假设、抽象概念、归纳概括等逻辑思维的科学方法运用到化学学习中。

② 知识背景。由于初次接触化学，还缺乏对有关学科的感性知识积累，在概念知识和理论知识的学习中会感到困难，对由抽象思维形成的概念、规律不能理解记忆。

③ 兴趣、情绪特点。精力旺盛，对未知世界充满好奇。由于学习者刚接触一门新学科，因而表现出强烈的好奇心和求知欲，对化学学习兴趣浓厚。情绪最有矛盾性，易感情用事，与教师关系融洽的学生，偏爱其所教的学科。

(4) 高中学生学习化学的一般特征

① 思维方面。抽象思维占主要地位并进入成熟时期，辩证逻辑思维逐渐成熟，思维的独立性和批判性有所发展，喜欢自己提出问题并独立寻找解决问题的方法。

② 知识背景。随着积累的化学知识逐渐丰富，在知识学习中学生也能运用学科知识规律，指导自己的学习行为、学习方法。

③ 情绪特征。独立性、自主性是学生情感发展的主要特征，尽管没有初中学生表现强烈，但他们更理性，一旦目标确定，学习更执着。

2. 学习者情况分析

(1) 学习者起点能力分析 起点能力，一般是指学习者在从事新知识的学习之前所具备的有关知识基础和认知结构。如果教学目标是课题教学的目的地，则学习者的起点能力是课题教学的出发点。学习者起点能力的确定正确与否，决定了一堂课的教学是否具有针对性和可行性。对学习者起点能力的分析，一般包括三个方面：其一，对已具备的知识和技能的分析，主要了解学习者是否具备进行新的学习所必须掌握的知识与技能，这是从事新学习的基础；其二，对技能目标的分析，主要了解学习者是否掌握了教学目标中要求学习者学会的知识和技能；其三，对学习者对所学内容所持态度的分析，主要了解学习者对所学内容所持有的态度是否存在偏差和误解。

例如，"能正确书写离子方程式"这一教学目标，在相关教学活动完成后，其终点目标的达成需要学生具备的基础知识：其一，会熟练书写化学反应方程式；其二，能熟练运用质量守恒定律和电荷守恒定律；其三，熟知电解质在溶液中的电离特征。这三种知识储备和运用的能力，构成了学生学习"书写离子方程式"知识的起点能力。学习者起点能力是学生学习新知识的必要条件，它在很大程度上决定着教学成效。为此，教师在整个教学活动中，要了解和确保学生具备接受新知识的起点能力。

（2）学习者起点能力和教学出发点的确定　认知结构是指"学习现有知识的数量、清晰度和组织方式。它是由学生眼下不能回想出的事实、概念、命题、理论等构成的"。要使新知识与学习者的认知结构相联系，促进学习者对新知识的学习和理解，需要分析学习者的认知结构，了解学习者的起点能力状态，从而确定课题教学的出发点。

如何判断学习者原有的认知结构，美国学者约瑟夫·D.诺瓦克为我们提供了判断学习者认知结构的技术，即绘制"概念图"。"概念图"是一种用节点代表概念，连线表示概念间关系的图示法。通过绘制"概念图"了解哪些是学生已学习的知识，哪些是即将学习的知识以及它们之间的关系等。

绘制概念图的一般步骤如下：

① 罗列概念。选定知识领域，罗列出相关概念以及与之相关的其他概念和事件，并列成一览表。

② 合理排序。分析罗列出的概念，依据概括水平不同进行上下排列或者横向关联。

③ 线条连接。寻找概念之间的关联，并用短线把概念连接，用连接词标明概念之间的关系，还要把说明概念的具体例子写在概念旁。

④ 修改完善。学生观念的改变反映在他所构建的概念图之中，不断地对原有概念图进行增删，使概念图处于不断修正和扩充之中，使其完善。

通过绘制概念图，从层级结构可以反映学生搜索已有概念，把握知识特点，联系和产出新知的能力，从所举具体事例上可获知学生对概念意义理解的清晰性和广阔性。

案例研究：概念图制作

现以九年义务教育《化学》上册"分子"课题为例，具体说明概念图的制作过程，见图4-6。

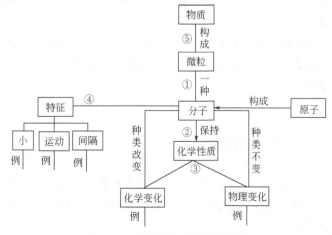

图4-6　"分子"课题的概念图

分子是保持物质化学性质的一种微粒，这样"分子"这个核心概念就与"微粒"及"化学性质"这两个概念连接成了概念图的中心内容；然后再去完善"微粒"与"化学性质"这两个有关概念，找出它们的上位概念和下位概念。此外，还要体现"分子"这一核心概念的性质特征，如"质量很小""不断运动""有间隔"等。"微粒"的上位概念是"物质"，"物质"的下位概念是"纯净物"和"混合物"，"化学性质"的下位概念是"化学变化"和"物理变化"。这样"分子"课题的概念图就初步完成。

概念图的实质就是以科学命题的形式显示概念之间的意义联系。它的主要作用就是帮助学生弄清楚并理解教学内容中少数关键性的概念，在教师的引导和帮助下，用具体的知识或实例佐证和充实概念，从而实现对知识的意义学习。

(3) 学习者教学目标达成点的确定　教学目标是关于教学将使学生发生何种变化的明确表述，是指在教学活动中所期待得到的学习结果。"学情分析"中的"未知"是与"已知"相对而言的，它包括通过学习应该达成的终极目标中所包含的未知与技能，还包括实现终极目标的过程中所涉及学生尚不具备的知识与技能等。

学生的"能知"就是通过这节课的教学，能够使学生达到什么样的目标要求，它决定学习终点（教学目标）的定位。学生的"想知"就是指除教学目标规定的要求以外，学生还希望知道的学习内容。学生的"怎么知"，反映的是如何进行化学学习的，它体现了学生的认知风格、学习方法和学习习惯等。

案例研究："硝酸的性质"学情分析

在初中化学的学习中，学生已初步接触硝酸，知道硝酸是一种常见的酸，具有酸的共同性质。在高中化学 1 的学习中，学生已掌握有关氧化还原反应的实质，知道物质氧化性、还原性和构成物质中心元素的化合价有密切关系。这些知识为学习硝酸氧化性以及浓、稀硝酸氧化性差异奠定了基础。

经过系统学习，学生已经建立起从物质属性、类别和氧化还原反应的角度来认知元素化合物的知识，还掌握了通过实验探究来学习元素化合物知识的方法。这也是本节课所要强调的观点与方法。由于学生具有这样的知识基础、能力水平和化学观点方法，所以要掌握硝酸的氧化性是完全能够实现的。

当然，本节内容只介绍"硝酸发生氧化还原反应，其中+5 价的氮被还原"，但没有解释为何不同浓度的硝酸与铜反应得到的还原产物不同，不同浓度的硝酸的性质为何会存在差异等，这些内容将会成为学生的疑点。

四、化学教学目标设计与重难点确定

教学目标设计是教学设计中的核心环节之一，是教育教学实践中极为重要的部分。教学目标是实现教学优化的前提，是教学策略的选择、教学媒体的运用和教学评价的依据，是教师施教、学生学习的行动指南。

1. 教学目标概述

（1）教学目标的概念及意义　教学目标是指教学活动预期所要达到的最终结果，是人们对教学活动结果的一种主观上的愿望，是对完成教学活动后，学习者应达到的行为状态的详细、具体的描绘，它表达了学习者通过学习后的一种学习结果。

由此可见，教学目标是一切目标的基础，它对每一学段、每一课题、每一课时都具有导向功能和评价功能。它引导和制约着教学过程的设计，它既是各种教学活动的起点，又是一切教学活动的归宿。因此，教学目标在教学过程中有很重要的作用。

（2）教学目标的分类　《普通高中化学课程标准（2017年版）》中将学生的化学学科核心素养分为"宏观辨识与微观探析""变化观念与平衡思想""证据推理与模型认知""科学探究与创新意识""科学态度与社会责任"5个方面的教学目标。并且将每个素养的培养划分为四个水平等级，以核心素养及其表现水平为主要维度将学业质量也划分为对应的四个水平等级，每一等级水平的内容中均渗透化学学科核心素养的5个方面。水平一～四体现了从简单到复杂、由易到难的层层递进的规律，符合学生认知的发展性和阶段性的特点。结合学生的认知水平，选择适宜的水平等级，才能发挥化学学科核心素养的最佳效果。班级中每个学生的学习能力具有差异性，在设计教学目标时，应统筹学生的实际情况，设计出层次性的教学目标，以符合不同水平学生的认知发展规律，满足学生的认知需要，为发展学生的核心素养创造适当的机会。

本书重点讨论课时教学目标的设计。

2. 新课程教学目标的陈述

在化学课程标准中，教学目标不是虚设或游离于教学内容之外的，它通过不同化学主题的学习内容和三类学习目标予以落实。

我国当前基于"三个维度（核心素养）"的化学课程教学目标的下位是课时教学目标，它可分解为：认知性目标、技能性目标、体验性目标。

案例研究：《高中化学》第二册第七章第三节第一课时"乙醇"

教学目标

知识与技能（宏观辨识与微观探析）

（1）通过观察和查阅资料了解乙醇的物理性质及用途；

（2）通过模型分析，理解乙醇分子结构和化学性质的关系，理解官能团概念；

（3）借助于实验探究，初步掌握乙醇的化学性质——取代反应、氧化反应。

过程与方法（证据推理与模型认知）

（1）采用实验探究法，引导学生学习科学方法，提升学生科学探究能力，从而发展学生的个性和特长；

（2）在教学过程中训练学生思维的严密性、逻辑性，培养学生分析、推理、类比、归纳、总结的能力。

情感态度与价值观（科学态度与社会责任）

（1）通过新旧知识的联系，培养知识迁移、扩展的能力，进一步激发学习的兴趣和求知欲望；

（2）在教学过程中，培养求实、严谨的优良品质和社会责任感。

3. 教学目标的设计

（1）教学目标设计的一般原则

① 全面性原则。要反映教育对人的全面发展要求，体现多元化目标。化学课程目标在"知识与创新、宏观与微观、变化与平衡、科学态度与社会责任"等领域构成了一个完整的目标体系。因此，在设计教学目标时，要注意目标体系的全面性。

② 层次性原则。从纵向看，学生任何预期的学习结果客观上都要通过达到不同层次的要求而实现，从较低层次目标的要求逐步达到较高层次目标的要求。从横向看，不同学习者的个体差异也使其在达到的目标上存在着不同。在设计教学目标时，教师应注意学生的多层次要求。

③ 可操作性原则。在教学过程中，教学目标要能指导教学，对教学活动均有准确的测量标准，尤其对结果性的学习目标应依据具体性原则，设计出明确、可测量、便于操作的行为目标。

④ 难易适中性原则。教学目标是教学活动的出发点和归宿，必须符合学生的实际水平。难易程度应控制在学生的"最近发展区域"，应该是学生经过努力可以达到的目标。目标过低或过高，不利于学生发展。因此，制定教学目标时，要对学生的群体性学习水平有一个科学的分析。

（2）教学目标设计方法　　教学目标的设计过程，根据凯普的观点，一般可归纳为六个步骤：

① 确定目标。目的是宏观的，可能包含多方面内容，它为教学目标确定指明方向。

② 建立目标。针对目的中的一个具体方面建立一系列的教学目标。

③ 提炼目标。将目标进行分类，把重复的目标去掉，整合相似的目标，使目标具体化。

④ 排列目标。按照一定的标准（重要程度或先后顺序）将目标进行排序。

⑤ 再次提炼目标。根据实际情况，再次确定目标存在的价值并进行取舍。

⑥ 作最后排序。从整体上作实施前最后周密的安排，然后用于实践。

具体案例见本书第二章。

4. 教学重点和难点的确定

作出基于"三个维度（核心素养）目标"的教学设计的同时，我们将进一步明确教学的重点和难点。

在分析教材内容时，要在统观全局的基础上，根据化学课程标准的要求，确定教学重点，依据教学内容的重点和特点以及学习者的知识基础，确定教学难点。只有准确分析和把握教材内容的重点、难点，感悟和领会教材内容所蕴含的思想观点，才能在教学中重视方法和过程，突出重点，突破难点，提高教学质量。

有关重、难点的分析，请参阅本书第二章相关内容。

五、化学教学策略设计

教学策略是在一定教学理论指导下，在一定的教学实践经验的基础上，为有效达到教学目标而对教学活动的顺序安排、教学方法的选择、学习方式的确定等采用的所有具体问题解决的行为方式。教学策略也可称为广义的教学方法。

《普通高中化学课程标准（2017年版）》明确提出"教师要更新教学观念，在教学中引导学生进行自主学习、探究学习和合作学习，帮助学生形成终生学习的意识和能力"。因此，把握不同课程模块的特点，合理选择教与学的方法，应成为教学设计的重点。

1. 化学教学策略设计的内容

　　教学策略包含一定的理论和谋略成分，是教学方法的上位概念，而教学方法是教学策略在教学活动中的具体化体现。那么，化学教学常用的方法有哪些？它们是如何分类的？根据北京师范大学刘知新教授的论述，将上述问题用图4-7概括如下：

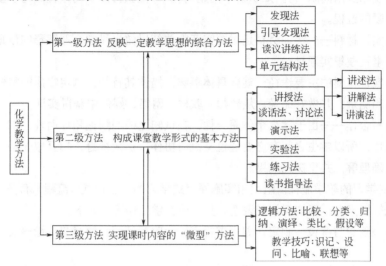

图 4-7　化学教学方法分类图

　　化学教学方法的选择，一般从教学系统中的四个要素去考虑。

　　（1）根据教学目的、任务选择　每一种教学方法都可能有效解决某些问题，而对解决其他问题却无效；每一种方法都可能会有助于达到某种目的，却妨碍达到另一些目的。

　　（2）根据教学内容的特点选择　不同教学内容也有自身的特点，如化学基本概念和理论、元素化合物知识、有机化学、化学实验和化学计算等。显然，不同的化学内容必然要选择不同的教学方法才能取得预想的效果。

　　（3）根据教师自身条件选择　在教学实践中，有些教学方法虽然本身很好，但由于不能适应教师自身特点，仍然不能发挥教学效果。所以在选择教学方法时，教师应从自身素养条件出发，扬长避短，选择与自己相适应的教学方法，这样才能更好地发挥教学方法的作用。

　　（4）根据学生的准备状态选择　认知心理学在研究学生学习的过程中提出了"准备状态"的概念，它指的是学习者在从事新的学习时，原有的知识水平和心理发展水平对新的学习的适应性。"准备状态"强调要使教学取得成功，教师必须了解学生的准备状态，并根据准备状态进行教学。因此，对教学方法的选择和应用还必须立足学生的准备状态，充分考虑学生的可接受性和适应性，从而使教学方法的运用能取得预期的结果。

　　当然，还有其他条件的选择依据，在此不再表述。

2. 化学教学策略的设计

　　化学教学策略有多种分类方法，本书基于新课程的教学观念，重点研究和分析依据学习方式不同所确定的教学策略的设计。

　　（1）基于探究式学习的教学策略　科学探究是指学生用以获取知识、领悟科学的思想观念、领悟科学家们研究自然界所用的方法而进行的各种活动。以探究为本的教学活动旨在帮助学生学习科学知识，掌握科学方法以及真正理解科学的本质。

① 探究式学习的特点。以问题为中心——问题是科学探究的开始，一切探究活动都是围绕问题而展开的，没有问题就没有探究。

问题可由教师提出，也可由学生提出。教学中，以问题为中心组织学生，教师要善于引导和鼓励学生发现和提出问题，将新知识置于问题情境中，使获得知识的过程成为学生提出问题、分析和解决问题的过程。

重视搜集实证材料——实证材料是对探究获得的结果做出科学合理解释的依据。因此，在探究活动中应重视搜集实证材料。

学生搜集实证材料的主要途径：观察具体事物，描述其特征；测定物质的特性，并做好记录；实验观察和测量，并做好记录；从教师、教材、网络、媒体中获得实证。

强调交流与合作——由于学生个体差异性，在认知上的局限性和片面性，加之科学探究的开放性、问题性，所以学生之间有必要通过交流与协作，扩大视野，相互取长补短，以达到对所学知识的正确理解，共享探究成果。

② 探究式学习的教学流程。组织和实施探究式学习的教学模式（流程）有多种，根据学习者和教学环境等因素有不同的规划或调整。其一般教学工作流程如下：

提出问题→猜想与假设→制定计划→进行实验→收集证据→解释与结论→反思与评价→表达与交流。

③ 探究式学习的类型。按场所分为课堂探究和课外探究；按内容分为理论探究和实验探究。

④ 探究式学习的教学要求。创设问题的情境要与学生的生活实际相联系，以学生感兴趣的问题、事实为出发点展开教学设计。

教学中的问题应该是多层面、多层次的，利于学生作出更多的猜想与假设，从而提升学生的发散思维和创新思维能力。

教师应起到指导者、促进者的帮助作用，为学生的探究活动提供硬件帮助和思想启发。

案例研究："金属资源的利用和保护"教学片段

教学过程		
教学环节	师生活动 （教什么、怎么教、怎么学）	设计意图 （为什么这样教）
情境导课	【导课】同学们，在上课之前我们先来看2个材料。 材料一：由于矿物的储量有限，而且不可再生，根据已探明的一些矿物的储藏量和消耗速度，科学家初步估计一些矿物可开采年限如下：Ag 16 年；Sn 17 年；Au 26 年；Zn 27 年；Cu 42 年；Fe 195 年；Al 257 年。 材料二：现在每年世界上因腐蚀而报废的金属设备和材料相当于年产量的20%~40%。金属被腐蚀后，在很多方面都会发生变化，会造成设备破坏、管道泄漏、酿成燃烧和爆炸等恶性事故。 【提问】大家看完这2个材料有什么想法吗？ 【学生活动：倾听、阅读资料、回答问题】 【学生回答】合理开采矿物资源，并且有效利用和保护金属资源。 【提问】要保护金属资源，首先就要防止金属被腐蚀浪费，那么怎样防止金属腐蚀呢？带着这个问题今天我们进行金属资源保护的学习。 【板书】"金属资源保护"	激发学生的好奇心和兴趣，带入主题 培养学生自主学习并获取信息的能力

教学过程		
金属腐蚀的条件实验探究	【讲述】要知道防止金属腐蚀的方法，就要先知道金属为什么会被腐蚀，也就是金属腐蚀的条件。 【板书】"金属的腐蚀与防护" 【提问】大家在生活中见过什么金属的腐蚀？ 【学生活动：观察实验、描述实验现象、分析实验现象】 【学生回答】铁被腐蚀。 【讲述】我们看到过铁制品被腐蚀生成红色的铁锈，银被腐蚀表面变黑，铝合金的窗户生成白斑。 【提问】大家觉得金属为什么会被腐蚀？ 【学生回答】与氧气反应、与水反应。 下面用一个简单的实验探究铁制品腐蚀的条件。 【实验演示】演示实验：将三根洁净无锈的铁钉分别放入三支试管中，在第一支试管中倒入蒸馏水至浸没铁钉二分之一处；在第二支试管中倒入经煮沸的蒸馏水至完全浸没铁钉，并加入适量植物油；在第三支试管口放入棉花和干燥剂，并塞上塞子。大家观察一周后的实验现象。 【提问】大家观察到了什么？ 【学生回答】第一支试管中铁钉表面生成了一层红褐色的铁锈，在位于水面和空气交界处生成的铁锈最厚；第二支试管里的铁钉无明显锈斑；第三支试管中的铁钉光亮完好。 【提问】为什么会出现这样的实验现象呢？ 【讲解】第一支试管中铁钉既与水接触又与空气接触。第二支试管中加入煮沸的蒸馏水是为了赶走水中的空气，加入植物油也是为了隔绝空气，铁钉只与水接触。第三支试管塞上了木塞，放入了干燥剂，铁钉只与空气接触。 【提问】实验说明了什么？ 【学生回答】说明铁钉处在水和空气共同存在的环境中，腐蚀更严重。 【讲解】铁制品的生锈实际上是由铁与空气中的氧气、水蒸气发生化学反应而引起的。 【提问】相同情况下，为什么铁制品要比铝制品腐蚀得更严重？ 【讲解】是因为铝与氧气反应生成致密的氧化铝薄膜，覆盖在铝的表面，从而保护里层的铝不再与氧气反应。而铁与氧气、水反应生成的铁锈很疏松，不能阻碍铁继续与氧气、水反应，因此铁制品被腐蚀的更严重。 【提问】那么说明金属腐蚀的条件有哪些呢？ 要有能够反应的物质，反应物要互相接触，生成物不会对反应起阻碍作用。 【板书】"一、腐蚀的条件"	通过强调学习重点，使学生的学习目标明确、有的放矢 培养学生动手实验和观察能力 培养学生分析问题的能力 通过对实验结论的分析，进一步加深学生对金属腐蚀条件的理解 通过自己的分析形成概念，从实验现象抽象出现象的本质的能力，从而理解金属腐蚀的条件
结课	【讲述】我们今天学习了金属的腐蚀条件：要有能够反应的物质，反应物要互相接触，生成物不会对反应起阻碍作用。 【学生活动】归纳总结、形成知识体系	帮助学生理清本节知识框架

(2) 基于建构学习的教学策略　建构学习的教学策略工作流程如下：

① 把所有学习任务抛锚在较大的任务或问题中，即学习者能感知和接受特定学习活动与较大的复杂任务间的相关性。

② 支持学习者发展对整个问题或任务的自主权。教师可以从学习者那里获得问题，或教师提出的问题应获得学生的认可并成为学习活动的推动力。

③ 设计真实的任务。真实的活动是建构学习环境的重要特征。真实的学习任务有助于学生用真实的方式来应用所学知识，同时也有助于学生意识到所学知识的相关性和意义性。

④ 设计任务和学习环境。它们能够反映学习者在学习结束后有效行动的复杂环境，体现背景在确定学习者对概念或原理理解中的重要性。

⑤ 给予学习者解决问题的自主权。教师应刺激学习者的思维，激发他们自己去解决问题。

⑥ 设计支持和激发学习者思维的学习环境。

⑦ 鼓励学习者根据可替代的观点和思维去检测自己的观点。

⑧ 提供机会并支持学习者对学习内容与学习过程进行反思。

案例研究："氯气与水反应"内容的建构教学策略片段

① 观察与思考。观察氯气通入水中的演示实验。问题：从观察到的现象看，你认为氯气溶于水吗？说明你的理由。

② 问题与实验。你能设计一个简单实验证明氯气溶于水吗？与同学们交流、讨论并提出实验设计方案（在评价学生的实验方案后，教师介绍自己的实验方案：用 100mL 针筒抽取 80mL 氯气，再抽取 20mL 水，振荡，观察发生的现象。引导学生说明现象，推理，得出结论。）。

③ 小结，引出新的探讨问题。80mL 氯气与 20mL 水，混合振荡，得到的溶液小于 100mL，说明氯气能溶于水。得到的溶液称为氯水，氯水有氯气的气味。据此，能否判定氯水就是溶解在水中的氯气与水的混合物？说明你的想法与理由。

④ 讨论与实验。评说学生的猜测，再请学生观察实验：把一小片干燥的红色布条，分成 3 段，分别置于氯气、氯水、水中，观察发生的变化。

实验与讨论小结：氯气或水都不使红色布条褪色，而氯水可以，说明氯水中含有能使红色颜料褪色的物质。这种物质是氯气溶于水后生成的新物质。人们研究得知，氯气溶于水时，部分氯气可与水发生反应，生成 HClO：$Cl_2 + H_2O \longrightarrow HCl + HClO$，HClO 有强氧化性，有漂白作用，可以漂白某些染料和有机色素。

⑤ 提出进一步的探讨问题。根据上述反应，你能否设计一个简单实验，检验氯水中存在的盐酸？

⑥ 整理、归纳提出的实验方案，依照可行的实验方案，组织学生实验。例如，用石蕊试剂或用 pH 试纸检验氯水是否有酸性，实验氯水与碳酸氢钠溶液或锌粒的作用，实验氯水与硝酸银的作用。

⑦ 讨论、解疑。氯水显酸性、氯水中存在氯离子，支持了氯气溶解于水，部分氯气和水发生反应，生成盐酸和次氯酸的结论。

⑧ 提出、思考有关氯水的新问题，深化认识。人们发现，氯水保存久了，其中的氯气和次氯酸会逐渐消失，氯水最终变成很稀的盐酸。这是为什么？请同学观察分析下列实验现象：把一个装满氯水的烧瓶，倒置在水槽中，放置一段时间后发现烧瓶顶部有气体出现。把装置放到阳光下，仔细观察，看看还能发现什么？想想为什么？谈谈你的看法。

⑨ 小结。观察发现，光照下氯水中有微小气泡形成。联系长久放置的氯水最终会变成稀盐酸的事实，可以推想，可能是氯气与水反应逐渐被消耗，反应生成的次氯酸不稳定，分解成盐酸并放出气体。科学家的研究证明了这种推测的正确性。HClO 分解生成盐酸和氧气：$2HClO \longrightarrow 2HCl + O_2 \uparrow$，光照能加速它的分解。

六、化学教学媒体的设计

教学媒体是承载教学信息的物体，存储和传递教学信息的工具。它一般可分为传统教学媒体与现代教学媒体两种类型。两类教学媒体，为实现同一教学目标服务，它们相辅相成，构成教学媒体体系。

教学媒体作为辅助课堂教学、完成教学任务的工具，化学教师在教学中应根据教学内容、教学任务和学校条件来选择。

七、化学教学内容的组织和教学过程设计

根据教学设计的程序，在教学目标、教学策略、教学媒体确定之后，接下来要做的工作便是化学教学内容的组织和教学过程设计。

1. 教学内容的组织

教学内容是承载教学目标的重要载体。化学教学内容是指教师根据一定的教学目标和学生的学习特点，在有效利用和开发化学资源的基础之上，经过对化学课程内容和教科书内容的重新选择和组织，所提供给学生的各种与化学学习有关的经验。要成功地完成某一个化学课题的教学，不仅要利用教科书，还要开发和利用其他教学资源。

新课程的教材观认为，教师不仅是教学活动的组织者和实施者，而且还是教材内容的研究者和开发者；新课程教材是实现课程目标的"重要的课程资源"。新教材体现了课程标准的内容和要求，但它不是对课程内容的具体规定，它只是教材编著者选择的"一个范例"；既然只是"一个范例"，为了更好地实现课程教学目标，教师可以根据学生的实际，利用身边的教学资源，对既定的教材内容进行适度增删、调整和加工，开发出一些符合学生实际的教学资源。

综上所述，教学内容的组织是教师在分析教材内容的基础上进行的一种加工过程，即根据课程标准、学生实际和教学目标，对教学内容进行"体量"的控制和"顺序"的调整。

化学教学内容组织的基本模式：
① 确定学习目标。
② 选择学习内容。
③ 选择学习经验。
④ 组织并呈现学习内容、学习经验。
⑤ 评价。

2. 教学过程设计

所谓的教学过程设计，就是用流程图或者表格等形式简洁地反映分析和设计阶段的结果，表达教学过程，直观地描述教学过程中教师、学习者、学习内容、教学媒体等基本要素之间的关系，给教师提供一个有重要参考价值的教学设计方案。教学过程设计包括对认知、情感、行为等教学活动的设计以及教学活动的情境设计。教学过程师与生的活动设计是教学设计的核心环节。教师在进行教学过程设计时，应体现学生的主体作用，体现教师的主导作用。

（1）给学生创设探究空间　为学生设计的问题和任务，必须具有一定的未知性、探索性、开放性和挑战性，并且符合学生"最近发展区域"。为了提高学习质量，教师所选教学内容、设置的问题，应该使学生感兴趣、愿意去探究发现，调动学生学习积极性，使探究过程成为一

个满足好奇心和学习需要的过程，成为一个学生不断取得成功，产生自信心的过程。为此，教师在进行设计时，应创设有意义的学习情境。

（2）给学生充分的自主学习时间　新知识的学习，需要学习者通过对有关新知识信息的感知、加工来补充完善自己原有的知识体系，这个过程需要一定的时间。那么，教学设计时要给予学生自主学习的空间和时间，使学生有时间进行思考、查询、评价及完善自己的见解。

（3）给学生多维互动的交流空间　教学活动的基本形态是探究与交流。新课程的教学特别强调师生交流的平等与对话，强调自主学习的同时又强调合作学习的重要性。因为，教学过程是师生、生生之间的对话与交流，共同探索新知识的过程，是教师、学生、教材、环境等多因素相互作用的动态建构过程。所以，教师既要为师生的交流提供适宜的活动内容，又要创建一个适合师生交往的民主和谐的教学氛围。

总之，教学过程的设计，应该着重体现教学的过程性、知识的生成性；教学主线清晰，具有条理性和逻辑性；教学内容齐全，重点突出、详略适当，难点清楚、处理恰当；注重教学互动，注重形成性评价及生成性问题的解决和利用；文档结构完整、合理，格式美观。

八、化学教学设计总成的编制方案

1. 教学设计总成

教学设计总成是指对教学各个环节局部设计的合成整合。

教学设计要解决的是三个方面的问题：我们要到哪里去？我们怎样到那里去？我们是否已经到达那里？这三个问题是一个系统问题。教学各要素的设计，往往忽略、淡化整体中各部分之间的内在联系和协调、配合；教学设计总成着重于处理好系统整体与部分、系统与环境之间的关系，力求使系统协调、和谐、自然，能有效地发挥其功能。因此，教学设计总成是一件十分重要的工作。

化学教学设计总成的基础和前提，是做好化学教学的各专项设计和各要素设计。而总成又不是局部设计的简单总装，是在系统思想指导下的整合和协调。在设计总成阶段，还要对整个设计过程进行加工、调整和完善，力求切实可行，达到科学性与艺术性的统一。

2. 教学设计的方案编制

教学设计总成具体是编制文本工作方案。

化学教学工作方案是预期师生在课堂上的教与学活动的描述，是教学设计思路的直接反映。因此，化学教学方案应该详尽、简明、规范，便于教学使用和总结研究。

根据本书分析教学设计的相关理论，我们推荐如下文本工作方案（课时教学设计）形式。

教学课题名称

（1）教学设计思路

（2）教学设计的背景分析（教材分析、学情分析）

（3）教学目标设计（"核心素养"层面的教学目标）

（4）教学重点和难点

（5）教学策略（教学方法、学习方法指导）

（6）教学过程（表格式、详细）

（7）板书设计

（8）教学反思（教学设计反思和课后反思）

案例研究：（略）

参考文献

[1] 周小山, 严先生. 新课程的教学设计思路与教学模式[M]. 成都: 四川大学出版社, 2003.

[2] 毕华林, 刘冰. 化学探究学习论[M]. 济南: 山东教育出版社, 2004.

[3] 胡志刚. 化学微格教学[M]. 厦门: 厦门大学出版社, 2017.

[4] 杨承印. 化学教学设计与技能实践[M]. 北京: 科学出版社, 2019.

[5] 郑长龙. 核心素养导向的化学教学设计[M]. 济南: 人民教育出版社, 2021.

[6] 皮连生. 教学设计[M]. 2版. 北京: 高等教育出版社, 2009.

[7] 谢幼如. 教学设计原理与方法[M]. 北京: 高等教育出版社, 2016.

第五章　化学课堂教学组织与实施

第一节　化学课堂教学的类型和结构

一、化学课堂教学的类型

课堂教学的类型简称课型。根据课的性质划分，分为新授课、复习课；根据学习内容特点和任务划分，有绪言课、理论知识课、元素化合物知识课、实验课、练习课等。下面对课型进行简要介绍。

1. 绪言课

绪言课是在化学课开始或以后的某个专题开始时为激发学习兴趣，提出学习目的、要求，介绍中心内容和学习方法的课。绪言课对中学生的学习心理、学习态度、学习方法以及学习化学的兴趣都有十分重要意义。这类课的作用就是激发学生学习化学的兴趣，树立学好化学学科的信念。

2. 理论知识课

理论知识课包括基本概念和基础理论知识，它是研究物质本质属性和变化规律的课。这种课具有严密的逻辑性和严格的科学性，比较抽象、概括。理论知识课一般采用讲授法、演示（实验）法、讨论法相结合的方式进行课堂教学。

3. 元素化合物知识课

元素化合物知识常称为描述化学，是化学教学内容的重要组成部分，在我国现行中学化学教材中占有重要地位。这类课常采用演示法、实验法、发现法、讨论法等探究式教学方法。

4. 实验课

实验课即学生动手来完成实验任务的课型。它是培养学生实验技能、观察能力、思维能力，训练科学方法，养成科学态度的重要教学形式。

5. 练习课

练习课是在完成一个课题或一个单元教学任务后组织的一类课，其主要任务是训练学生思维、技能。它是在教师的启发、点拨下，以学生练习为主，让学生通过练习、复习，综合运用讨论、口答、笔答、实验操作等形式，训练学生的心智与动作技能，加强对知识与技能的理解、运用和保持，发展学生的抽象思维能力，表达能力和分析问题、解决问题能力的一种课型。

6. 新授课

目前教学中最常用的一种课型。它以传授、学习新的知识内容为主要任务，包括学习新的概念、观点、规律和方法等。上述绪言课、理论知识课、元素化合物知识课等均为新授课。

7. 复习课

复习课是巩固知识的手段，其主要任务是帮助学生形成知识体系。通过复习可以加深对所学知识的认识和理解，及时发现和纠正记忆和理解上的错误，弥补学习中的缺陷。复习课有章（单元）复习、阶段复习、学科总复习等。复习课一般采用讨论法、练习法和讲解法相结合的方式。

二、化学课堂教学的结构

对于一堂课的结构，有各种不同的见解。按照课堂教学时间序列，一般把单一课时的教学分成 3 部分：课的开始、课的中心和课的结尾。

1. 课的开始部分

课堂教学与其他任何工作一样，必须有一个好的开头，才可能取得理想的效果。课的开始一般做好两项工作。

首先，集中学生注意力，激发学生学习兴趣，使其进入"学习状态"；其次，导入新课，明确教学目标。在前述话题的基础上，提出问题，使学生将兴奋点集中到与新课题有关的内容上，教师再及时讲明本课题的学习目标及学习任务。

2. 课的中心部分

这是一堂课的核心部分，每一课时教学目标的完成，教学质量的高低关键在这一部分。由于教学内容、教师素质、学生的水平及教学时空条件的变化或不同，课的中心部分的组织安排可以是千变万化的。但基本的一条是相通的，即充分调动学生学习的积极性和主动性，遵循学生获得知识过程的规律，让学生动脑、动手去感知和获得化学知识，进而开发他们的智力，培养他们的各种能力。在课的中心，教师的主要工作就是营造轻松的学习环境，按知识逻辑和学习规律精心组织教学，让学生参与知识获取的主要过程。

3. 课的结尾部分

在课的结尾阶段，教师要帮助学生对新学的知识进行归纳和整合，使学生对整个课题的知识、技能、内容有一个完整、清晰的印象，让新知识有效纳入原有知识体系与认知结构中，并使知识条理化、系统化。常用方法有归纳小结、联系整合、讨论与质疑、练习巩固。

第二节　教学技能

教学既是一门科学，又是一门艺术。要做好教学工作，教师不但应该具备精深的专业知识和广博的文化知识，而且还应该具备必要的教学技能、方法和能力。

一、教学技能的概念和分类

关于什么是教学技能，目前尚未提出一个公认的概念。我们认为，教学技能是教师运用学科专业知识、教育学和心理学的有关知识，依据学习理论和教学原则进行教学设计、教学研究，组织课内外教学活动，有效地促进学生完成学习任务的熟练化的智力或行为活动方式。化学课堂教学技能则是在化学学科特征的基础上形成的教学技能。

教师的课堂教学技能是在教学理论指导下，经过学习训练、模仿、内化、升华而逐步形成的，是可描述、可观摩、可培训的教学行为。教学技能高度熟练化并达到完善的、自动化的程度时，便形成较高层次的教学能力。

课堂教学技能可分成动作技能和心智技能两个方面。动作技能是指教师在教学活动中为顺利完成某项教学任务的一系列实际动作；心智技能是指教师为顺利完成某项教学任务，借助于内部语言符号系统在头脑中进行的认知活动方式。两者有区别，但又是相互联系、相辅相成的。两者共同作用于课堂教学技能，动作技能是教学技能的具体行为表现，心智技能则起调控和完善的作用。

依据不同的任务要求，我们把化学课堂教学技能分成导课、讲授、提问、变化、演示、板书、结课、课堂管理、组织自学等技能。

二、课堂教学技能形成的阶段

师范生课堂教学技能的形成，与其他技能的形成一样，是一个不断学习、训练、反复实践、逐步发展的过程。此过程一般历经"分解模仿、整体掌握、协调熟练"三个阶段。

1. 分解模仿阶段

这个阶段就是教师先通过讲解和示范，使师范生领会与教学技能有关的基础知识和基本要求，对技能的要领动作形成清晰的初认；再把课堂教学技能分解为比较单一的技能或局部操作，然后师范生对其进行逐个模仿学习。

这一教学阶段，学习者（师范生）只有清楚地知道每一个单一教学技能的构成要素，才能有目的、针对性地进行学习训练。在这一阶段，学习者的注意力只能集中于被分解成的局部操作或单一动作步骤上，表现为间断的不连续的操作。动作与心智技能也不能协调进行。

2. 整体掌握阶段

在分解模仿的基础上，经过反复练习，学习者不仅掌握了个别和局部的操作，而且对单一教学技能各部分间的结构和顺序也有了比较明确的认识。因而，可以开始把局部动作综合成更大的体系，最后形成一个连续技能的整体。但是，这一阶段的连贯操作是不熟练的，会出现漏洞、差错、不协调，表现出思维的片面性或单向性，学习者还会出现两种教学技能混用的现象。

3. 协调熟练阶段

在对课堂教学技能整体掌握的基础上，经过反复练习实践，就能达到协调熟练阶段。这时的课堂教学技能要达到运用自如的自动化程度，表现在课堂教学过程中解决问题的动作和思维过程速度很快，正确性、协调性、敏捷性增强。课堂教学技能达到自动化的境界时，便形成了自己的教学行为和教学风格。

三、导课技能

导课技能是指教师在引入新课题或新知识时，运用建立问题情境的教学方式，引起学生注意，激发学习兴趣，明确教学目标，形成学习动机和建立知识间联系的一类教学行为。导课是课堂教学的重要环节，精彩、新颖、别致的导课行为必然会为课堂教学的展开奠定良好的基础，使教学迅速进入较佳状态。

1. 导课技能的构成要素

从导课技能的功能和目的出发，结合导课过程，构成导课技能的要素分别是：引起注意、激发动机、建立联系、指引方向。我们分别从这四项要素出发，研究、学习、训练导课技能。

（1）引起注意　能用有效方式引起学生注意，将学生的注意力集中于课堂，专注于特定的问题情境。注意有有意注意和无意注意之分。在导课活动中，教师应创造条件努力集中学生的有意注意和无意注意于教学情境中。

（2）激发动机　学习动机是推动学生进行学习的一种内部活动，它是在学习需要的基础之上产生的。导课技能中的激发动机，就是要激发学生学习知识、技能，解决学习问题的需要，从而选择和推动学习。这种指向学习任务的动机、求知欲望，称为认知内驱动力。心理学研究表明，认知内驱动力既与学习的目的性有关，也与认知兴趣有关。因此，导课技能中的激发动机应主要从学习内容的目的性与认知兴趣入手，让学生明确学习活动的意义，并用它来推动学生的学习。

（3）建立联系　教师在导课活动中要采取一些有效的方式，促使学生对新旧知识建立有效的联系，让新学知识在原有知识结构的基础上进行，使学习成为有意义的活动。

建立联系的关键，其一是明确新学知识的基础，其二是设计有效联系的桥梁。这就要求教师首先钻研教材，明确重点、难点知识的生长点及结构体系，这样才能有针对性地建立有效联系；其次就是采取有效方法，自然而又巧妙地使旧知识成为新知识的铺垫，使新知识的学习在导课的基础之上展开。

（4）指引方向　指引学生明确该课题学习的目的、任务与方法。明确目的应包括明确学习内容、任务和要达到的目标要求。因为教学目标对预期教学效果具有导向、激励和检测的作用。具体而明确的教学目标，能够引导学生围绕目标的实现而有效地开展学习活动，并能在教学过程中，以此为尺度，检测学习结果。指引方向往往是在激发学生求知欲的基础上，通过教师讲解、配以课题板书以及不失时机地提出教学目标指引来实现的。

2. 导课技能应用的要求

导课直接影响学生学习的情绪和效果。在设计导课时应注意以下原则：

（1）针对性　导入课题一定要根据教学内容、教学目标并针对教学的重点知识进行设计。

（2）启发性　富有启发性的导课能引导学生去发现问题，激发学生解决问题的强烈愿望，调动学生思维活动的积极性，促使他们更好地理解教材。启发性的关键在于启发学生的思维活动。而思维活动往往是从问题开始，又深入问题之中，它始终与问题紧密联系，学生有了问题就要去思考去解决，这便为学生顺利地理解学习内容创造了条件。

（3）艺术性　导课是为了创设学习情境，那么教师创设的学习情境首先应引发学生的好奇心，激发学生的求知欲。有效地学习情境，是在学生认知与学习内容之间制造一个"不协调"，使学生处于心求通而不解，口欲言而不能的状态，从而激发学生浓厚的认知兴趣和强烈的学习动机。

（4）简洁精炼　导课要做到过程紧凑、层次清楚、言简意赅，力争以较少时间取得最好效果。时间一般控制在3～5分钟。

3. 导课技能的常用类型

教无定法，贵在得法。一堂课如何开头，也没有固定的方法，视教学对象、教学主体、教师素养而定。无论采取何种导入新课的方法，其目的是把学生注意力牢牢吸引住，从而将学生引入化学主题的学习之中。

（1）复习导课　以旧知识作铺垫，从而引导升华到新知识的内容学习的一种方法。

（2）实验导课　以新奇、有趣、产生问题、产生认知矛盾的化学实验案例，导入新课题学习的一种方法。让学生在新奇的实验中观摩，在产生问题或认知矛盾的实验中思考，从而激发学生的学习兴趣，调动学生学习的积极性和主动性。

对引入课题的实验要求：其一是实验内容必须紧扣新知识内容，其二是实验必须具有趣味性和启发性，其三是实验必须简单易做，实验现象清晰易观察。

（3）直接导课　教师以简捷、明确的语言直接向学生提出学习课题和教学目标，以及学习内容的各个重要部分与教学程序，以引起学生的有意注意，诱发其对新知识的求知欲的导课方法。

（4）设疑导课　设置问题情境，使学生产生认知冲突，引起思考，从而使学生注意力迅速集中到所要解决的问题上来，并产生迫切学习的浓厚兴趣，其是诱导学生由疑到思，由思到知的一种教学方法。

（5）实物导课　采用与化学学习相关的实物、模型、图表、录像等引入课堂教学的方法。

四、创设教学情境

1. 教学情境的概念及其意义

（1）教学情境的概念

教学情境是指知识在其中得以存在和应用的环境或活动背景。学生所要学习的知识不但存在于其中，而且得以在其中应用。此外，教学情境中也能含有社会性的人际交往。《普通高中化学课程标准（2017年版）》明确提出"倡导真实问题情境的创设"，用于激发学生学习化学的兴趣，促进学生学习方式的转变，培养他们的创新精神和实践能力。

教学情境是与一定的知识内容相关的文化、环境和活动等。教学情境是既有"情"又有"境"，是"情""境"互融的。教学情境的特点和功能不仅在于可以激发和促进学生的情感活动，还在于可以激发和促进学生的认知活动和实践活动，能够提供丰富的学习素材，有效地改善教与学活动。

（2）教学情境的意义

① 学习的过程不只是被动地接受信息，更是理解信息、加工信息、主动建构知识的过程。适宜的情境可以帮助学生重温旧经验，获得新经验，可以帮助学生理解、组织、丰富学习素材和信息，促进知识技能的体验、连接，从而有利于学生的"核心素养"得到落实与提高，有利于学生主动地建构和探究，有利于学生认知能力、思维能力的发展，使学习达到较高水平。

② 认知需要情感，情感促进认知。知识总是在一定的情境中产生和发展的，适宜的情境不但可以激发学习的兴趣和愿望，可以不断地维持、强化学习动力，促使学生主动地学习、更好地认识，对教学过程起引导、定向、支持、调节和控制作用，而且还可以提高学习效率。

③ 适宜的教学情境不但可以提供生动、丰富的学习材料，还可以提供在实践中应用知识的机会，促进知识、技能与体验的连接，促进课内向课外的迁移，让学生在生动的应用活动中理解所学习的知识。

④ 只有当学习的内容被设置在该知识的社会和自然情境中时，才能体会到学习情境的意义。

2. 教学情境创设的原则

学生由知识被动吸收者转变为知识主动建构者的关键是教师要"深谋远虑"地创设教学情境，促进学生的认知活动和探究活动。而教学情境的创设必须符合一定的原则。

（1）真实性原则　教学情境创设越真实，学习主体在建构知识学习过程中的意义越深刻，在真实生活中迁移应用越主动。教学情境需贴近社会实际，以培养学生社会责任感，提高学生实践能力。

（2）发展性原则　教学情境的创设不仅要尊重学生的现有认知水平，考虑学生能不能接受，更为重要的是要贴近学生的最近发展区域。创设"由浅入深""由近至远"的先行组织者，引导学生"渐进式"的"螺旋形"向上学习。

（3）全面性原则　一个良好的教学情境，不仅包含促进学生智力和技能发展的学习内容，而且应该蕴涵促进学生非智力品质发展的情意价值内容和实践内容，能营造促进学生全面发展的心理环境、群体环境和实践环境，富有思想内涵。

（4）多样性原则　教学情境应是丰富和多样的。教学情境创设可根据不同的学习对象、不同的教材内容、不同的教学手段、不同的教学过程而选择和组织。实物情境、实验情境、科技情境、新闻情境等都可以为学生更好地学习提供保障。

3. 教学情境创设的技能

教学情境创设的技能从属于导课技能。

创设教学情境要以培养学生的学习兴趣为前提，诱发学生学习的主动性；以观察、感受为基础，强化学生学习的探究性；以发展学生的思维为中心，着眼于培养学生的创造性；以解决问题为手段，贯穿实践性。根据新课程的教学理念，创设教学情境的方法如下。

（1）从学科与生活的结合点入手　化学与生活联系紧密，从化学在实际生活中的应用入手来创设教学情境，既可以让学生体会到学习化学的重要性，又有助于学生利用所学的化学知识解决实际问题。

案例："乙醇"课题教学情境创设

教师活动	学生活动	意图或手段
【引入】乙醇俗名酒精，是酒的主要成分，我国酿酒历史悠久，酒文化丰富多彩，著名诗句"借问酒家何处有，牧童遥指杏花村"早已脍炙人口。随着科技进步，人们发现乙醇有广泛用途	【信息交流】小组代表向他们搜集的信息对全班同学进行汇报	训练学生口头表达能力。通过对乙醇用途的交流，引入本课题
【提问】乙醇的主要用途有哪些？物质的用途是由什么决定的呢？【追问】而物质的性质又取决于什么？	【回答】作为能源、饮料、医疗等方面；物质的性质；物质的结构	体会学习主线：结构决定性质，性质决定制法、用途和存在
【点题】本节课我们将重点学习乙醇的分子结构及其性质	明确学习任务和目标	训练学生由结构推断性质的能力

（2）从学科与社会结合点入手　实践证明，只有当学习内容与其形成、运用的社会和自然情境结合时，有意义的学习才可能发生，所学的知识才易于迁移到其他情境中再应用。只有在真实情境中获得的知识和技能，学生才能真正理解和掌握，才可能到真实生活或其他学习环境中解决实际问题。教师讲课时，可以通过现实生活中"一氧化碳"中毒事件等，引出CO知识。

（3）利用问题探究创设教学情境　适宜的教学情境一般总是与实际问题的解决联系在一起。利用问题探究来设置教学情境，便于展开探究、讨论、理解以及问题解决等活动，是化学学科适用的设置情境的有效方法。

案例："金属及合金"课题教学情境的创设

黄金是中国人喜爱的饰品。社会上不法分子常用"愚人金"来欺骗群众。经测定"愚人金"有两类：一种是铜锌锡合金，另一种是铜的硫化物。

【提问】请你运用所学知识设计方案鉴定是真金还是"愚人金"？

【学生】经思考后报出鉴定设计方案。

【讨论】师生共同评价方案的可行性。

(4) 利用认知矛盾创设教学情境　新旧知识的矛盾，日常概念与科学概念的矛盾，直觉、常识与客观事实的矛盾等，都能激发学生的探究兴趣和学习动机，形成积极的认知氛围和情感氛围，因而都是可用于设置教学情境的素材。通过引导学生分析错误原因，积极地进行思维、探究、讨论，不但可以使他们达到新的认知水平，而且可以促进他们在情感、行为等方面的发展。

案例："质量守恒定律"课题教学情境创设

【提问】铁器在空气中生锈后其质量如何变化?

【生答】质量增加。

【提问】木炭在空气中燃烧后其质量有何变化?

【生答】质量减少。

【提问】一定质量 $CuSO_4$ 溶液与 NaOH 溶液在烧杯里相混，反应完毕烧杯里物质的质量有何变化?

【生答】必须通过实验鉴定才能回答。

【提问】物质发生化学反应后，反应前后质量会如何变化?

【生答】1.质量增加；2.质量减少；3.质量不变。

【发出指令】：

1.请认为质量增加的同学成为一组，设计一套方案予以确认；

2.请认为质量减少的同学成为一组，设计一套方案予以确认；

3.请认为质量不变的同学成为一组，设计一套方案予以确认。

【讲述】通过以上学习，我们就能够明确化学反应前后，反应物与生成物之间的质量关系。

教学情境创设的方法有很多，如从化学史实与科技成果入手的方法、从网络媒体资源入手的方法等。作为未来的教师，在今后实践中，可根据教学需要不断创设，努力营造良好的课堂教学气氛。

在教学情境的呈现过程中，教师绘声绘色、富有情感的描述十分重要。现代教学媒体，能把生动的图像、清晰的文字、优美的声音有机地集成并显示在屏幕上，能将内在的、重要的和本质的东西凸显出来，能通过宏观与微观结合、动静结合、跨越时空，从而高效地激发学生学习兴趣，调动学习者积极性，优化教学情境，增强其效果。

第三节　教学信息与交流

一、教学语言的基本特点和要求

教书育人的艺术，在很大程度上就是教师语言表达的艺术，优秀教师的魅力就在于他能够在教书育人过程中，通过对语言材料进行综合的艺术加工，在传授知识、启迪心智时，利用语言的力量化深奥为浅显，化抽象为具体，化平淡为神奇，从而激发学生学习的兴趣和求知欲望。教学语言是教学信息的载体，是教师完成教学任务的主要和基本工具，是教师向学生阐明教材、传授知识、提供指导、传递信息的一种教学行为方式。因此，教师的教学语言技能是课堂教学技能的基础和保障。它具有下列基本特点和要求。

(1) 遵守语言逻辑规律　教学语言准确、鲜明、生动、合乎语法、用词恰当；书面语言规范、严谨、详略得当；口头语言简短，用字用词符合课堂语言环境，同时又逻辑正确。教学语言应意义完整，结构紧凑，层次分明，条理清楚，表达得体，前后连贯，使学生听得懂，明白其中的含义。

(2) 适应教育教学要求　化学课程标准中情感态度与价值观目标的达成也需要教师履行育人的职责。但教学语言的教育性不等于枯燥的说教，应该是随机渗透、启发诱导。授课语言应声音清晰、洪亮，流利，规范，语调、语速适当，节奏变化恰当，语意深入浅出，富有启发性、思考性、趣味性和应变性，便于学生理解、记忆。教师应善于运用实验、板书、挂图等手段增强语言效果，声情并茂有感染力。

(3) 符合化学学科特点　正确地运用化学术语、表述化学概念和命题，符合化学语言规范；讲清关键的字、词、句，注意区分易混淆概念；不用日常概念代替科学概念，不用词义代替定义；能准确、形象、深刻地表达物质的组成、结构、性质和变化规律特征。用词准确是保证化学教学科学性的基本要求，不准确的表达必然导致失败的教学。如"烟"指固体小颗粒，"雾"指液体小液滴，表达时不能随意混用；对于反应条件中的"点燃""加热""高温"要准确区分；再如讲到"二氧化碳一般不支持燃烧"时，"一般"二字不能漏掉等。

总之，教学语言应该能够有效地承载化学教学信息，适应化学思维的需要。教师的语言应该具有教育性、科学性、规范性、针对性、启发性和化学学科特征。

讲授、提出问题以及课堂教学组织指导、调控和管理，是教学语言的重要应用。

二、讲授技能

1. 讲授技能的定义和特点

讲授技能是教师运用语言辅以各种教学媒体，引导学生理解教学内容并进行分析、综合、抽象、概括，进而达到向学生传授知识和方法，启发思维，表达感情的一类教学行为。

讲授的优势体现在应用于课堂教学的普遍性和高效率。在课堂教学中，讲授技能既可用于描述现象和结构、说明原理、解释原因，又可用于引导思维、剖析疑难、概括方法、总结规律，是课堂教学中应用最多的教学技能。

2. 讲授技能的构成要素

从讲授技能的功能和目的分析，讲授技能有以下构成要素。

(1) 构建讲解的结构　讲解结构是指讲解内容和方式的组成及其相互联系。讲解结构首先是围绕讲解主题构建，导论、议论、推论、结论四个环节应紧扣主题；其次，应在明确讲解内容知识间内在联系的基础之上，设置系列关键问题，通过这些问题激发学生的求知欲，集中学生的注意力，并组成清晰、有序的讲解。

（2）促使学生参与　讲解应是师生信息与情感的双向交流。如何促使学生主动参与，其中最主要的就是促使学生主动参与教师的讲解活动，在教师启发下积极思维。学生主动参与教学活动，不仅是化学课程标准的要求，也是新课程教材内容的构成部分。

促使学生参与活动的方式：第一是通过设置系列问题，创设问题情境进行；第二是通过引导学生进行新旧知识的联系进行；第三是运用各种语言，尤其是体态语言（眼睛、手势）与学生交流，促使学生参与。在讲授过程中，教师要善于通过信息反馈，调控自己的讲授内容、方式、节奏来保证讲授的质量和效果。

（3）语言表达　语言表达是讲授技能中最重要的基础要素。讲授语言包括有声语言和态势语言（肢体语言）。

讲授技能的有声语言（口语）表达应清楚、准确、精炼、生动。清楚是指语言吐字清楚、音量适中、语速快慢适宜、表达的层次分明。准确是指对词意表达的科学性，对化学概念表达的完整性与准确性。如，燃烧与点燃、电离与电解、元素与原子等词意的内涵、联系、区别，教师应予以准确表达；如"固体物质的溶解度"概念，包含了"一定温度、100 克溶剂、溶液饱和状态、溶质的最大溶解质量"这四个要素，缺一个要素便不能构成"固体物质的溶解度"的概念。精炼是指语言简洁，对要讲解的内容能用最佳的逻辑程序语言来表达，避免重复。生动是指语言具有感染力，富于情感。这里既指表达的事实形象生动，又指口语表达停顿、重音、语调运用得当。

讲授技能中的态势语言是一种非文字语言，它通过教师动作、姿态、体态、手势、眼睛、表情传递信息。教师的表情、手势能传达和补充文字语言的难尽之意，传递一种对事物肯定、赞许、怀疑、否定的心意。这些都能让学生从心理上受到感应和共鸣，起着无声胜有声的情感交流作用。

（4）使用例证　讲授本身就是一个说理的过程。因此，列举一定数量与所讲解的内容紧密相关的基础理论和化学事实作为例证，能使论述的问题证据充分，更有说服力，同时促使学生对所讲述的问题能够理解与掌握。

案例训练： 请使用例证对下列问题予以阐释。

氧化还原反应与四大基本化学反应的关系

反应类型	表达形式	举例	是否为氧化还原反应
化合反应	$A + B \longrightarrow C$	$2H_2+O_2 \longrightarrow 2H_2O$ $CaO+H_2O \longrightarrow Ca(OH)_2$	√ ×
分解反应	$A \longrightarrow B + C$	$2KClO_3 \longrightarrow 2KCl+3O_2\uparrow$ $CaCO_3 \longrightarrow CaO+CO_2\uparrow$	√ ×
置换反应	$A + BC \longrightarrow AB + C$	$Zn+2HCl \longrightarrow ZnCl_2+H_2\uparrow$ $Fe+CuCl_2 \longrightarrow Cu+FeCl_2$	√ √
复分解反应	$AB + CD \longrightarrow AD + CB$	$NaOH+HCl \longrightarrow NaCl+H_2O$ $BaCl_2+H_2SO_4 \longrightarrow BaSO_4\downarrow +2HCl$	× ×

（5）语意连接　讲解既然是语言表达，语言的流畅、语意的连接就自然成为讲授技能的重

要构成要素。在讲解过程中，一方面要设计好讲解的内容与程序，使新旧知识之间有效连接，让学习成为有意义的活动；另一方面要使用恰当的过渡语，使语句之间、问题之间、例证与原理之间、教与学活动之间形成有效连接，构成完整的讲授体系。

（6）强调　在知识、技能的讲授过程中，主要是教师信息单向输出，不可避免地会造成学生在讲解过程中注意力不集中、学习主动性不足的状况。因此，适时地强调就十分必要。此外，必须对重点知识、保证学生思维顺利进行的关键内容的关键词句进行必要的强调和重点讲解。强调可以有效地集中学生的注意力，加深对知识的印象。

3. 讲授技能常用类型

（1）解释式讲解　指教师从学生已有知识出发，引导学生用已有知识去分析说明未知事物及其变化，促使学生理解、明白。

（2）描述式讲解　指对形象、具体的客观事物及其变化过程进行科学的表述。描述式讲解可以使学生获得丰富的感性材料，因而有利于学生的感知和对事物的理解，促进学生思维的发展。有利于学生观察能力、分析能力的培养。

（3）归纳式讲解　指引导学生通过对个别具体事物及其变化等事实材料，进行分析、比较、概括得出共同本质或一般规律、原理的讲解。

归纳式讲解应引导学生对具体事物进行比较，然后从具体到抽象，从特殊到一般地进行归纳。这种讲解可以培养学生的归纳综合能力，帮助学生掌握化学规律性知识，提高学生对化学知识的认识水平和保持率。

（4）演绎性讲解　指引导学生通过运用一般的原理、公式去推论个别事物，最后得出结论达到具体事物目的的讲解。

演绎式讲解要引导学生从抽象到具体，从一般到特殊地进行思考。要注意从学生已有知识、年龄特征、心理特点出发，考虑知识的可接受性。

案例研究："NH₃"课题的复习教学

NH_3 是氮族元素的气态化合物。在元素周期律知识、物质结构知识学习以后，请对氨的物理性质和化学性质作出演绎和归纳总结。

问题 1. NH_3 为什么易液化且极易溶于水而难溶于四氯化碳中？

问题 2. NH_3 为什么易与酸溶液发生反应？

问题 3. NH_3 为什么易被氧化剂所氧化？

问题 4. NH_3 还原性为什么比水强而稳定性比水差？

（5）原理性讲解　指对化学基本概念、基本理论等知识的内涵和外延或注意事项的讲解。

三、课堂提问技能

课堂提问技能是指教师在课堂上设置一种问题情境，引发学生认知冲突，给学生造成一定的学习困惑，诱发学生进行信息收集和问题探索，从而引导学生形成正确认知，并且通过师生的交流与合作增进对问题的全面理解，发展学生思维能力的一种教学方法。

1. 课堂提问的特点与功能

课堂提问是一项设疑、激趣、引思的综合性教学艺术。它既是教师素质的体现，更是教师教学观念的体现；要求教师要有先进的教育教学理念和较高的教学艺术水平。它具有以下特点与功能。

（1）课堂提问的特点

① 目的性。众所周知，课堂提问的目的，应该服从总的教学目标，但是，作为一种教学手段的课堂提问还有其特定的目的，即使学生感知信息，产生疑问，唤起学生的求知欲，激发他们的独立思考，使其在教师指导下主动地去寻找问题、发现问题、解决问题，并在解疑中掌握知识、发展能力、培养兴趣。

② 启发性。课堂提问要能使学生积极思考，要考虑学生现有的认知水平，以学生现有的认知结构和思维水平为基点来设计问题，使问题符合学生的"最近发展区域"。只有那些在"新旧知识的结合点"上产生的问题，才能激发学生的认知冲突，具有启发性。

③ 发散性。发散思维即求异思维，具有多向性、变异性、独特性的特点，即思考问题时注重多途径、多方案，解决问题时注重举一反三、触类旁通。历史上许多重要的发现都来源于发散思维。因此，所提问题的回答角度以及回答的内容不应是唯一的，而要具有发散性、多解性。

④ 层次性。针对课堂教学中的重、难点，一些繁难复杂的问题，要尽量化难为易，化整为零，设计一些过渡性的问题，小坡度推进，实现知识和能力的转化。只有这样，学生听课才会觉得有条有理，能把握住难点，同时一环扣一环，随着问题层次梯度的变化，学生回答问题的难度也在增加，学生参与的热情也会一浪高过一浪。

（2）课堂提问的功能

① 有利于集中学生注意力。良好的提问，可以集中学生注意力。当教师提出问题时，往往会使学生的注意力处于高度集中的状态。或独立思考，或相互讨论，使课堂教学秩序静中有动，动中有静，都朝着教师设定的目标前进。

② 有利于激发学生的兴趣。教学的最大成功是学生乐学，良好的提问，可以激发学生的学习兴趣。教师精心设计的新奇问题，可以激起学生强烈的求知欲和浓厚的学习兴趣。

③ 有利于发展学生高水平的思维。提问能引导学生思考的方向，提升思考层次。传统教学中，重视对知识的回忆、复述和简单应用；而现代教学则要求学生通过不断地搜集信息、处理信息等高级思维活动来学习，学习的过程就是发展学生高水平思维的过程。

2. 提问技能的构成要素

课堂提问的基本目的是激发学生求知欲，促进学生思维，获取教学反馈信息，调控教学，深化教学信息处理。提问技能有以下构成要素。

（1）设计问题　针对教学内容、提问目的、学生认知水平，设计所需要的问题，或依知识的逻辑顺序和学生认知顺序，设计层次分明的系列问题，由此组成连续的问题框架。

要求问题设计具有针对性、层次性、启发性、迁移性、科学性和目标性。

（2）课堂发问　问题设计好以后，在课堂上以适当的时机向学生表述出来，以求回答，这就是课堂发问。

发问过程：表述问题、停顿、发问。

（3）提示与变换　发问信号发出之后，学生沉默感到有困难或回答不完全正确时，教师应予以一定的提示，或变换问题，对问题加以修正和调整。

（4）确认　是指对学生的回答作出反应，分析、评价回答的结果及思路和方法，并予以强化。确认有以下方式。

① 肯定鼓励。对于正确的回答，教师予以认可，并进行表扬鼓励。

② 补充完善。根据学生回答，教师首先让其他学生补充，教师再做补充和总结。

③ 更正分析。对学生回答问题时出现的方向偏离、错误认知等进行纠正和解析。

确认的作用是鼓励和推动学生深入学习，其目的是正误评价，核心是鼓励和强化。

3. 课堂提问技能的应用

课堂提问是重要的教学手段，要使提问达到预期的教学目的，必须注意对提问目的、内容、时机、方法和技巧的协调运用。

（1）优选问题，问在教学关键处　知识的重点、难点、教学关键处，新旧知识的衔接处、转折点，以及易产生矛盾和疑难的地方。这些地方都是课堂设问的环节。

（2）掌握坡度，问在难易适中处　问题设计应有一定的层次，应由易到难，组成难易适中的问题系列。这样的设计是知识逻辑顺序的需要，是学生认知顺序的需要，是不同学生认知水平差异的需要。

案例训练： 学习 $Al(OH)_3$ 性质后，提出下列问题：

① 制备 $Al(OH)_3$ 一般用可溶性铝盐与氨水反应，写出其离子方程式。

② 用可溶性铝盐跟 NaOH 等强碱反应制备 $Al(OH)_3$ 有何不妥？

③ 如果把 NaOH 溶液逐滴滴入 $AlCl_3$ 溶液中，或者把 $AlCl_3$ 溶液逐滴滴入 NaOH 溶液中各会产生什么现象？

上述系列问题由易到难，有一定坡度，有利于学生对 $Al(OH)_3$ 两性的认识，而且能活化思维，训练知识的运用能力。

（3）选准时机，问在教学需要处　时机对于课堂提问很重要，时机准确，能起到事半功倍的作用。课堂提问应选在教学重、难点处，选在学生思维发生障碍、产生偏差时。同时，教师亦根据教学实情，及时展开追问和反问，以增强学习效果。

（4）启发价值，面向全体学生　从问题设置到发问学生，应考虑不同层次学生的认知水平和智力水平。课堂提问应设置不同层次的问题，使不同层次水平的学生能答有所得，答有所喜，获得学习的成就感。对于优秀学生，可以设置"有什么异同"的比较问题，设置"有哪些不同看法"的创造性问题。这样的教学才是真正地面向全体学生。

要注意启发诱导。教师热情地诱导，加上学生活跃的思维，会让学生产生"跳一跳，摘到桃"的效果。在听取学生回答问题的过程中，教师适当地反问和追问，能引起答问者和其他学生的深入思考，这将使课堂提问进入一个更高的层次。

4. 课堂提问技能的类型

在课堂教学中，提问是服务于教学目标和教学任务的。按课堂教学过程和教学需要，可以将课堂提问技能划分为以下五种类型。

（1）引发性提问　引发性提问就是揭示主题，引起下文或引发思考的提问。引发性提问一般用于导课或问题的导入，提问的层次一般属知识性的回忆提问，常与引发性的设问结合而揭题或引出下文。

（2）观察提问　指引导学生通过观察实验、实物、模型、图表等直观事物，表述观察结果的提问。观察提问是以实验为基础的化学教学中常用的方式。它不仅可以促使学生获得直接的感性知识，而且可以培养学生的观察能力和思维能力。

（3）形成性问题　指在教学过程中，为检查学生对新学知识和技能是否达到教学目标的要求而进行的提问。那么，提问的内容与层次应与教学目标的内容和行为目标相对应。

（4）探究性提问　指在教学过程中，为鼓励学生进行探索、讨论，培养学生创造性思维和探索精神的一种高层次认知提问。

化学教学的探究性提问常用于规律性知识的发现和物质性质、结构的推测。

（5）归纳性提问　是指在一项教学内容完成的时候，教师为帮助学生形成结论、掌握规律、总结方法或巩固所学知识和技能而进行的一种高层次提问。

归纳性提问常用于结课或复习课中。问题的层次一般是分析、综合、评价。

四、课堂演示技能

化学是一门以实验为基础的学科，课堂上教师的演示实验是学生获得化学知识和技能的重要途径。为帮助学生认识一些难以直接观察到的事物和抽象知识，需要运用多种直观教学手段才能获得较好的教学效果。学生在学习化学实验的基本操作技能时，更要先观察教师的示范操作。演示技能是指教师在课堂教学中进行示范操作或运用实验、实物、模型、图片或现代教学媒体进行实验操作演示和示范，指导学生观察、思考和练习的一类教学行为。

1. 演示技能的构成要素

从演示技能的作用出发，结合演示过程，演示技能有以下构成要素。

（1）引入演示　具体方法有创设问题情境引入、直接引入两种。两种方式的引入都应与实验课题相结合，并使所有学生知道教师演示实验的内容。

其作用是激发学生兴趣和动机，明确演示内容，集中学生的注意力于教师演示上。

教师要善于运用引入演示，"引入"既要简明，又要集学习兴趣、动机于演示实验。

（2）介绍媒体　在引入演示后，介绍实验所需的试剂、仪器、装置等的名称或结构、使用方法等，以便为演示操作服务。

试剂、仪器、装置应随演示的进程而逐次呈现介绍。配套的实验装置应分别从各部分的构造、作用等方面进行介绍。

（3）控制操作　根据一定实验目的，规范地进行实验操作，人为地创造、控制某些条件，排除干扰，突出主要因素，使某种或某些物质实现预期的化学变化，呈现预期实验现象。

（4）指引观察　在演示实验操作控制过程中，不失时机地引导学生有目的、有计划、有针对性地去观察、思考实验现象或操作，并对观察结果进行必要的记录。

它是准确、全面地获取演示结论、学习实验操作、培养学生观察能力的重要手段。

常用方法如下：

① 对于反应速度快、现象变化多或繁杂的实验，在化学反应前就要有目的、有针对性地进行观察指引；

② 在反应过程中，针对实验目的，有计划地及时指引观察；

③ 演示装置、操作的指引观察。

（5）整理联系　引导学生对指引观察所得现象，联系演示的反应和操作过程进行整理、分析、归纳，抽象出本质东西。完成或验证演示反应的化学方程式或分析出演示装置和操作原理，即得出演示的结论。

案例研究："铜与浓硫酸反应实验"操作

①【问题】Cu 能与稀 H_2SO_4 反应吗？那么它是否可以与浓 H_2SO_4 反应呢？如果反应需要什么条件？

②【板书】$Cu + H_2SO_{4(浓)} \longrightarrow$

③【实验探究】

a.把擦亮的铜片放入装有浓硫酸的大试管中；

b.把上述大试管套在铁夹上，用导气管与装有品红溶液的试管连接，试管口用浸有碱液的棉花堵塞，加热大试管；

c.反应完后把大试管中液体倒入装有水的烧杯中。

④【实验现象板书】（由学生叙述）

a.铜片没有变化；

b.Cu 与浓 H_2SO_4 反应，有气泡冒出，品红溶液褪色；

c.烧杯中的溶液呈蓝色。

⑤【科学抽象】

a.在加热的条件下 Cu 能与浓 H_2SO_4 发生反应；

b.溶液蓝色说明有 Cu^{2+}；

c.品红溶液褪色说明有 SO_2 生成，根据质量守恒定律有 H_2O 生成。

⑥【结论】$Cu + 2H_2SO_{4(浓)} \xrightarrow{\triangle} CuSO_4 + SO_2\uparrow + 2H_2O$（学生写）

浓 H_2SO_4 在加热条件下能与 Cu 等不活泼金属反应。

2. 演示实验基本类型

（1）验证式演示实验

设计程序：提出理论→演示实验→现象分析→印证性结论

主要应用在物质制备、物质性质实验。优点是有利于知识的学习与巩固，不足则是不利于学生思维能力的培养。

（2）探究式演示实验

设计程序：问题→实验探究→收集证据→科学抽象→形成结论

优点是有利于发挥学生的主体作用，培养学生的创新精神和能力。主要运用于有多种可能的情况。

五、课堂板书技能

板书是教师在黑板上书写文字语言、符号、图表，向学生呈现教学内容，分析认识过程，使知识概括化和系统化，帮助学生正确理解并增强记忆，提高教学效率的一类教学行为。板书设计是教学工作方案的重要组成部分，是教师素养的基本功之一。

在课堂教学中，作为辅助教师口头语言表达信息的板书，是不可缺少的。独具匠心的板书设计和板书结果，既有利于知识传播，又能启迪学生的智慧，活跃学生思维。

板书是调动学生的感觉-视觉的重要手段。板书可以系统、概括地展现讲授内容，能够长时间、多次地向学生传递信息，是学生视听并用地接受和保持信息的一种有效方式。

1. 板书技能的构成要素

课堂板书有两个鲜明的特性：其一是知识信息直观、长久的可视性；其二是知识信息的概括和系统性，能提纲挈领地为学生提供教学内容和结构化的知识。从板书的特性和功能出发，板书技能有以下构成要素。

（1）书写和绘画　书写、绘画是板书技能的最基本要素。其主要内容有文字、化学用语书写，化学仪器、装置图、图像等绘制。板书是知识信息的呈现，是科学性的体现。

（2）内容编排　在黑板上或多媒体课件（教学图片）上呈现经过加工、组织化的教学内容。其呈现的是条理化、结构化的知识内容，用简洁的文字或符号体现知识的重点、难点。

（3）版面布局　指板书各部分内容在版面上的排列和分布，正板书和副板书的布局，黑板板书与挂图、挂板、投影屏幕的合理配置等。

正板书是提纲挈领地体现教学内容、教学结构、教学程序的书面语言，写在黑板的左、中侧；副板书是对正板书和教学的说明和补充，写在黑板右侧，可随时擦去。

版面布局的作用是揭示教学内容、体现教学意图和教学结构，启迪思维，强化记忆。

（4）时间掌握　板书呈现时机应与课堂讲解协调一致，与其他教学活动有机配合，做到顺理成章。

正板书保留到课时教学结束，副板书保留到说明问题即结束，实验仪器、挂图、投影等用后即撤走。

2. 板书技能常用类型

板书的形式受教学内容、学生学习的需要、教师自身教学风格的影响。课堂教学板书，常用类型有：提纲式、表格式、联系式、化学计算格式、图示式等。

第四节　组织、指导与管理的技能

在教学中，学生的课内学习活动主要有听课、记笔记、观察、思考、实验操作、探究、自学、练习等，课外学习活动有做作业、预习、复习、收集资料等。教师在课堂教学中，大力发挥学生学习的主体作用，发挥学生学习的能动性和主动性，才能更进一步提高教学的质量。

一、课堂师生关系及作用

在构成课堂教学的要素中，人是最积极主动的要素，是教与学活动的发起者、承担者和维护者。其中，教师的"教"与学生的"学"构成教学赖以进行的统一的活动体系，因此，要有效地开展教学活动，就必须正确认识教师和学生的主导、主体作用，明确并处理好师生之间的关系。

目前，在我国基础教育领域，呈主流的是"主导主体论"和"双主体论"两种观点。

1. "主导主体论"中的师生关系及作用

这种观点认为，教学活动中教师是主导，所以教师在教学中要发挥引发、维持、调控等主导作用；学生是学习主体，那么教学过程中就要发挥学生的积极性和主动性。我国新课程教学改革的实践证明，坚持"教为主导"和"学为主体"的统一，是处理教与学关系的基本原则。

（1）学生在课堂中是学习的主体　教学是为了学生的发展，学生是发展的主体，当代教育特别强调教学中学生的主体性。作为人的发展有赖于其主体作用的发展。现代教学理论认为，学习在本质上是学习者主动建构心理表征的过程，知识的意义是由学生自主建构的。在教学活动中，学生的主体性正是表现在能够主动地探求知识、体验过程，在知识建构、技能形成、应用的过程中养成科学的态度，获得科学方法，逐步形成终身学习的意识和能力。

（2）教师在课堂中起主导作用　在教学中，教师根据教学内容、课程标准和学生实际展开教学设计，组织课堂教学；通过设计各种练习、实验、讨论等实践活动来引导学生学习知识，掌握各种技能，获得各种能力。综上所述，教师的主导作用体现在：激发学生的学习动机，启迪学生的思维；对学生的学习方式、学习习惯予以指导；对学生的疑难问题给予点拨、解答。

2. "双主体论"中师生的关系及作用

随着新课程改革的深入，教学过程中师生关系的"双主体论"成为主流。这种教育观点认为，教师与学生都是教学活动的主体，两者的主体性既是对立的又是统一互动的。所以，教学系统可分为教与学两个系统，教师是施教系统的主体，学生是学习系统的主体。教学活动的成效取决于两个系统中的主体在互动中的有效性和最优化。

（1）教师是教学过程的主体　作为具有扎实的专业知识和丰富教育教学经验的教师，担负着教学活动的组织者、执行者、促进者的职责。教师在进行教学活动之前，必须按照课程标准的要求，研究教材内容，了解教学对象，分解教学目标，选择教学方法，设计教学程序。为了保证教学的针对性、有效性，教师还要将学生作为教学研究的客体。所以，教师既要在教学内容的研究中发挥主体作用，又要在教学对象的开发过程中发挥自己的主体作用。

教师的主体作用还表现在作为课堂教学资源的开发者和重组者。教师可以根据实际情况，对原有的教学资源进行重新编组，调整教学结构，使新生成的教学资源更好地为教学目标服务。

（2）学生是学习活动的主体　在教学活动中，学习是学生的事情，那么学生就是课堂活动的主人。在新课程的教育理念指导下，在由教师主导的教学活动中，作为接受教育的学生，是教学活动的积极主动参与者，他们以自己的知识经验、兴趣为基础主动构建对事物的理解，获得知识，形成解决问题的方法、能力，构成自己个性的基本部分，这是他人不能代替的。因此，学生是学习的主体。学生在学习上与教师是平等的，在教学过程中有自主选择的权利和自我表现的权力，因此，学生也是教学的主体。

从"双主体论"观点分析，我们认为课堂教学质量的高低，取决于教师的精心设计和组织，取决于学生的积极参与和知识水平。只有师生、生生之间密切合作与交流，才能完成课堂教学的意义建构，才能达到师生的共同发展。

二、组织与指导学习的技能

组织与指导学生自主学习的技能，是指在课堂教学中，教师根据教学内容和教学目标的需要，组织与指导学生进行各种自主学习活动的课堂行为方式。是培养学生自主学习能力、培养学生学习主体性、促进学生知识建构的重要教学技能。

1. 组织指导学生听课

听课和记笔记是学生课内的主要活动。教师的情绪、语言、行为对学生影响很大，要组织好学生学习的这个环节，教师要善于利用自己积极的情绪调动学生学习的积极性，将学生学习状态由"跟我学"转变成"我要学"。

（1）指导学生明确学习目标　在每节课的开始，教师要做好学习的定向工作，使学生大概地了解学习目标、步骤和方法，并用适宜教学策略，帮助学生达成学习目标。

（2）组织维持学生的注意力　教学时教师应指导学生合理分配注意力，不但善于用耳，而且善于用眼、用手、用脑，善于协调自己的感官使之相互配合，从而帮助学生养成良好的学习习惯。

（3）指导学生听课、记笔记　应该指导学生注意听教师讲解的主要问题是什么，问题是怎样提出来的，用什么方法去解决，结论是什么。在倾听同学发言时，善于对比他人的看法、意见与自己的异同，以弥补自己在思维和知识上的不足。记笔记是先倾听、再记录。主要是记教师的讲课思路、内容纲要、重难点、疑难问题和学习指导。学会用简明扼要的文字、化学符号、图表做笔记。对暂时不能理解的问题，予以标注，待课后再思考或寻找教师帮助指导。

2. 组织指导学生练习

练习是以巩固知识、形成技能和发展能力为目标的实践训练活动。不但能促进学生将知识与实际相联系，使学习进一步深化、提高，而且也是教师获取教学反馈信息的重要途径。

（1）针对学生发展需要精心选择、编制练习题　练习要有明确目的，内容全面，重点突出，时间适度。习题要具有典型性、思考性，层次齐全，难度适当，注意保护和发展学生学习的兴趣。

(2) 注意审题和解题训练　在解题示范过程中，讲清要求和格式，善于运用一题多解、一题多变训练学生思维能力。

(3) 分段练习　可以按"分步练习—完整连贯—熟练操作"顺序分阶段实施。

(4) 组织讲评活动　讲评、互评的目的是加深学生对知识的全面理解。

3. 组织指导观察

前面已叙述，此略。

4. 组织指导学生讨论

讨论是在教师的组织和指导下，以教材重点、难点、疑点为话题，通过教师与学生、学生与学生之间的意见交换、话题共享、思想碰撞而求得共同理解和问题解决的活动。这种学习方式要求学生具有一定的知识基础、思考能力和表达能力，要求教师有较强的组织能力和控制能力。随着新课程改革实践的深入，这种学习方式越来越受学生喜爱。

(1) 围绕教学目标，精心设计讨论题　教师要选择教材中的重、难点或热点问题，了解学生对这些问题的学习准备和可能反响，确定讨论的目的，形成讨论题目和具体要求，并指导学生查阅资料、调查研究、写出讨论发言纲要。讨论的问题应具有针对性、启发性，应让学生积极参与讨论，并留给学生讨论的探索空间。

(2) 精心设计讨论过程　问题讨论，教师应通盘考虑，采用"话题推进"的方式可以使讨论更深入。探讨过程要民主和谐，在平等的基础上，遵重科学规律，形成共识和知识建构。

(3) 及时做好讨论总结　讨论后阶段，教师针对讨论中的问题进行辩论分析后，作出科学的结论。同时，可以留出一些问题，让学生自己去探讨和研究。

5. 组织指导自学

自学能力是学生运用科学学习方法，参考教科书及资料，独立钻研，自主掌握知识和运用知识的能力。在教学中应充分认识到学生是认知活动的主体，有目的、有计划地对学生进行自学方法的指导和自学能力的培养，使学生通过"学会"达到"会学"。

① 引导学生认识到"学会学习"是自学的首要任务，充分认识增强发展自身学习能力的重要意义。

② 通过示范，让学生学会自主收集、选择学习材料，学会自己确定学习任务、学习重点、学习程序和学习方法。

③ 使学生学会勾画学习重要内容、摘录要点、记录学习心得、编写知识体系等常用方法，并形成归纳知识、概括要点的能力。

④ 逐步养成学习不同内容知识的方法和规律。

三、调控与管理技能

在课堂教学中，教师为解决课堂秩序问题，以建立良好的课堂教学环境，对学生的课堂行为进行组织和控制，使之围绕教学目标运转。

教学调控和管理的任务，就是改变学生的学习行为，缩小教学效果和教学目标的偏差，从而达到提高教学效率，实现教学目标的目的。一个调控得当、并然有序的课堂环境，会使学生身心愉快，注意力集中，必然会产生好的教学效果。

1. 教学调控技能

教学调控是指在教学过程中，为了保持课堂教学系统的动态平衡，实现课堂教学的预期目标，教师根据教学反馈信息对自己的信息输出、学习者的心理及行为表现、教学环境等调节控制的行为方式。课堂调控可以激发并保持学生对教学活动的注意力，使学生与教师的思维协调同步；教师可以利用调控技能及时调整信息容量、转换方式，以保证信息传输的畅通无阻。

教学调控有以下几种类型。

(1) 兴趣调控　教学中，教师要善于运用多种教学手段，创设生动活泼的学习情境，将学习兴趣逐步转化为理解兴趣和创造兴趣，使学生的学习兴趣水平得到不断提高。

(2) 注意调控　教师可以创设良好的学习环境、生动的语言、富有探究价值的问题，以吸引、维持、控制学生的注意，使其始终集中于学习活动中。

(3) 语言调控　在教学中，知识的传播、思维的引导、认识的提高、能力的培养，都需要通过语言来实施。因此，课堂教学的有效调控，在一定程度上取决于教师的语言组织和表达能力。

(4) 教学方法调控　教师调控水平的高低是一堂课成败的关键。研究表明，教学方法生动、新颖、课堂气氛活跃，不仅可以吸引学生兴趣，而且可以引发学生主动参与。教学方法的不断变化和更新，可引起学生的探究，产生求知欲望。因此，教师要灵活地运用教学方法和手段，得心应手地调控教学进程，从而提高教学效果。

(5) 情绪调控　教师的情绪是影响学生注意力最敏感的因素。学生的学习情绪，课堂的活跃气氛，往往与教师的情绪同步变化。因此，课堂教学中教师要将自己的情绪调控到最佳状态，为学生创设良好的学习氛围。

(6) 反馈调控　信息反馈是课堂教学的关键环节，要对课堂教学实施有效的调控，必须加强课堂教学的信息反馈。教师要善于通过提问、讨论、练习、观察等方式，获取反馈信息，针对反馈信息，调整教学进程，以保证教学目标的实现。

(7) 教学机智调控　教学机智是指教师在教学过程中顺应教学情景迅速、敏捷、准确灵活地作出判断，及时反应，使教学保持平衡的能力。教学机智具有准确性、敏捷性和巧妙性的特点，是教师智慧和经验的结晶。面对突发事件，教师应及时采取相应措施，利用自己的经验、智慧，以恰当、巧妙、幽默的处理方式，将不利因素转化为有利因素，以保证教学顺利进行。

2. 课堂管理技能

课堂管理是指教师为实现教学目标而对课堂中的人、事、时间、空间等因素进行协调的过程。新课程所倡导的课堂管理是通过教师与学生的共同行为，营造一个充满温暖，彼此熟悉，轻松快乐，促进学生自主、合作学习的教学氛围。空间与时间对教学过程有着不可忽视的影响，是教学的制约因素和重要资源。在化学课堂中，必须重视对教学空间和时间的结构设计和管理。

（1）重视教室形象塑造　不断优化的教室形象能促进教学的高效进行，应精心安排教室的格局与环境。

（2）重视教室座位效应　根据新课程的理念，教室布局要根据教学任务采取灵活多变的排列组合。为了适应化学教学的特点，在有条件的学校应逐步推行小班化教学及专用化学教室制度，以便于组织随堂化学实验。

（3）重视课堂时间管理　时间是学习过程的一个决定性因素，虽然课程计划、课程标准统一规定了各年级化学课程的总学时，但实际上，由于不同的教学和管理方法等方面因素的制约，实际教学时间和有效教学时间都会不同。

四、结课技能

结课与导课互为呼应，是导课的延续和补充，导课的内容与问题在课堂结束时应该有一个完善的交待和解答。

结课技能是教师在结束教学任务时，为促进学生知识保持，使新知识有效纳入学生原有认知结构，所采用的教学行为方式。

结课技能常应用于一节新课的结束、一个单元内容的结束，也用于新概念、新知识学习的结尾。富有新意、归纳、总结式的结课活动，会起到统揽全局、画龙点睛的效果，还能提高课堂教学效果和教学质量。

1. 结课技能的构成要素

结课技能以归纳、概括为主，是教学内容的巩固与应用，是对知识的一种深加工。为此，结课技能有以下构成要素。

（1）提供心理准备　在进入结课部分时，应提示学习已达小结阶段，以集中学生注意力，为转换思维方式让其做好心理准备，这样才会使学生产生结课时的选择性知觉。教师往往通过语言直接向学生说明总结阶段的到来，并告之总结方式。稍加停顿后，让学生做好结课的心理准备。

（2）回顾与概括　结课的功能主要是对新学知识的复习巩固，使知识系统化、结构化。回顾与概括的作用就是引导学生及时对教学内容进行回忆、概括、强调，从而有利于知识的保持和同化，使知识条理化、结构化、系统化。

结课有以下主要方式：

① 再现事实。再现重要事实、概念、原理并概括小结。

② 呼应问题。与导入呼应，建立问题与结论之间、新旧知识之间的联系，巩固新的认知结构。

③ 回顾与概括。回顾解决问题的思路与方法等。回顾与概括应处理好"记"与"思"的关系，注意引导学生主动参与，培养学生归纳、概括的能力；注意处理好"重点"与"全面"的关系，抓住主线，形成条理，注意知识间的内在联系。

（3）组织练习　学习原理告诉我们，知识的学习和巩固以及技能的习得离不开实践。学习的实践活动能使学生有效地感知、理解、巩固、应用知识。组织练习还可以为教师获取教学反馈信息，以便采取措施弥补不足。所以，课堂结束阶段，要有目的地组织学生练习，以便于巩固所学知识和技能；教师还要有选择，适量地布置各种类型课外作业。

（4）深化拓展　指在结课时，引导学生围绕所学知识结论进行讨论和练习，使知识适当拓宽、引申、提高，或提出进一步学习的任务。结课阶段的深化拓展是新学知识巩固、应用的需要；教师在结课阶段能适当引导学生围绕结论的适用条件进行讨论和延伸，将使学生不局限于现有的知识，有助于对知识全面、深刻的理解和掌握。

案例研究："烷烃"课题的结课

教师可提出如下问题让学生课后思考：

① 如果乙烷分子（C_2H_6）中少两个 H 原子，则这一物质会有什么样的结构呢？请写出其电子式。

② 上述物质还具有烷烃的性质吗？这种物质又属于哪类烃呢？

（5）评价和激励　教学课题的结束，应该使学生达成知识、技能和能力目标，还应该使学生学有所得而增强学习的成就感，从而增强学习化学的乐趣和志趣。

结课时，教师对学生的学习给予评价，肯定学生在知识掌握和学习方法上的成绩，恰如其分地指出问题与不足，引导学生自我归因，激励他们继续努力。

2. 结课技能应用的要求

结课作为课堂教学的重要环节，在充分发挥结课功能的作用时，应注意遵循以下基本要求。

（1）科学准确　以科学为指导，向学生传授科学的知识和技能，并结合教材特点自然、适度地进行思想教育。

（2）水到渠成　严格按照课前设计的工作方案的顺序进行，使结课做到水到渠成，自然妥帖。教学过程中应避免出现结课时间过多，或者"拖堂"现象。

（3）首尾相应　结课时要适当地照应导课，使结课好似一条金线，能使学生将零散的知识串联起来，形成完整的知识结构，做到首尾相连、前后照应。

（4）语言精炼　结课应重点突出，紧扣本堂课教学的中心，切中要害，恰到好处，语言精炼干净利落。要给学生以启发，以精炼的语言使一堂课的主题得以提炼升华，让学生的认识产生一个飞跃。

（5）开放式结课　结课时，不能只局限于课堂本身。开放式结课需要学生课后去探索，或专门留下一定的时间让学生提问、质疑等。适当地使用开放式结课，可以培养学生的探索精神和创造性思维，而且有利于将知识向课外深化拓展。

参考文献

[1]　教育部基础教育司. 走进新课程——与课程实施者对话[M]. 北京: 北京师范大学出版社, 2012.

[2]　刘知新. 化学教学论[M]. 5版. 北京: 高等教育出版社, 2018.

[3]　郑长龙. 化学课程与教学论[M]. 2版. 长春: 东北师范大学出版社, 2015.

[4]　王后雄. 高中化学新课程教学案例研究[M]. 北京: 高等教育出版社, 2008.

第六章 说课及评课的基本方法

6

第一节 说课

说课是教师述说课程授课的教学目标、教学设计、教学效果及其理论依据的教学研究活动。现代教师除了熟悉"为谁教""教什么""怎样教"的授课方法以外，还需要理解、明确"为什么这样教"的说课理论与方法。

一、说课的含义及其特点和作用

1. 说课的含义

说课是教师在教育理论、学习理论的指导下，在充分准备的基础上，面对同行、领导或专家，以多媒体为辅助手段利用口头语言阐述某一学科课程或某一具体课题的教学设计或教学得失，并就教学目标的达成、重点难点的把握、教学策略的选择、教学过程的安排以及教学效果的评价等方面与听课人员相互交流、共同研讨，进一步改进教学设计、优化教学质量的教学研究过程。

教师授课的对象是学生，工作内容是教学信息的传播，其目的是帮助学生在构建新知识的过程中形成正确的价值观。教师说课要针对授课的这些要素，就一个课题，以讲述的方式系统地阐述本课题的教学目标、重点、难点和对教材的处理，包括教学程序的设计、教学方法的选择、教学手段的采用、学习方法的指导等方面的内容，让教学同行、领导和教学研究人员了解教学准备、设计的依据、实施意图和实施效果。简单地说，说课是教师互相交流、共同切磋教学艺术的一种形式，它有助于教师提高自身的素质，改进教育教学的方式方法，是教师专业化发展的有效途径。

2. 说课的特点

说课有多种形式，一般都具有以下特点。

（1）口语阐述 教师说课主要以口语表达，常利用实物、多媒体等辅助说课。说课不受时空、场地、人员的限制，非常有利于在教学研究中推广。

（2）时间限制 说课的时间安排一般由组织者决定，说课者必须在规定时间内恰好完成"所讲课题"的全部内容，还要突出重点，教学方法和手段要有创新。所用时间一般在 15～20 分钟。

（3）教学研究活动　把"说课"要素讲清楚、教学过程说透彻需要教师具备一定的教育教学理论知识，积累丰富的教学实践素材，确立运用理论指导教学实践的意识，将教学理论和教学实践有机结合。通过教师在说课中对教学的全面阐述，其他教师和专家可从教学理论的角度审视和评价教学的质量。

（4）双向互动性　说课是一种集体参与、集思广益的教学研究活动，在相互交流过程中，参与者之间容易迸发出智慧的火花。无论是同行还是教研人员，他们的思想、观点乃至一个小小的教学技巧，都是一种智慧互补。教师在评议与经验交流中分享，在合作中达到共同提高。这个是说课的显著特点。

3. 说课的作用

说课能展现教师对课程标准、教材的理解和把握程度，对学情的了解程度；展现教师在"教学设计"的思维过程；显示教师的教育教学水平和能力，教学基本功的扎实程度；能从中了解教师的教育观、知识观和学生观，以及对现代信息教育技术和教学手段的掌握情况。因而，通过说课能够全面地了解评价教师。说课着眼于提高教师教学设计能力，达到减负增效和提高课堂教学质量的目的，对于教师的专业成长有着重要意义。

说课可以完善并升华教学设计。通过课前说课，能够发现教学设计中的不足之处，以便及时进行修改，从而使课堂教学更加科学、合理、有效；通过课后说课，对课堂教学中好的做法进行提炼和升华，以推广应用。说课能够促进教学反思，对于教学理念的更新与教学方法的转变具有重要意义，能够提高教师的教学质量和艺术，提升教学研究人员的水平，促进教学、教研的紧密结合。

4. 说课的种类

作为一种"虚拟教学"方式，说课是一种重要的教学辅助手段。说课的类型划分有多种方式。

（1）根据说课与上课的时间先后关系分类

① 课前说课。课前说课是一种预测性和预设性的说课活动。是教师在认真分析课程标准、研究教材、提炼教学目标、选择教学策略、确定教学媒体、初步完成教学设计的基础上进行的一种说课形式，是教师的一种教学预演活动。通过课前说课，教师可以借助集体的智慧来预测课堂教学效果，以改进、优化教学设计。是一种常用的说课形式。

② 课后说课。课后说课是一种反思性和验证性的说课活动。它是教师在上课后将自己在教学活动中的成功与缺失、感受与体会和听课人员进行交流的一种说课形式。课后说课是建立在教师个体教学活动基础上的一种集体反思与研讨活动。通过交流讨论，肯定优点，指出存在的问题，明确产生问题的原因，并提出改进意见，使说课者和研讨者对教学的成败有更清晰的认识，为改进和优化教学设计提供基础。

（2）根据活动目的、要求的不同分类

① 研讨型说课。以教研组（室）为单位，通常采取集体备课的形式。活动前，组内成员进行充分准备，指定一个中心发言人；活动中，中心发言人先行说课，为研讨提供素材，然后交流讨论，各抒己见；最后达成共识，形成一个最佳的教学方案。其优点是有利于将个体智慧转化为集体智慧，有利于教师之间的相互交流、共同提高。它是大面积提高教师业务素质和研究

能力的有效途径。

② 评比型说课。是指以说课方式进行的评比、竞赛活动。它要求教师按照指定的教材、规定的课题、在限定的时间内写出说课讲稿，然后依次登台"演说"，由评委评定比赛名次。评比型说课的优点是激励作用大，有利于树立典型、培养骨干。它的不足是"背靠背"评比，缺失交流，不利于教师的专业成长。

③ 主题型说课。是指教师在教学实践的基础上，把实际工作中遇到的重点、难点或热点问题作为研究主题进行探索，以说课的形式向同行、专家汇报研究成果的教育教学研究活动。它是一种更深入的问题研究活动，更有助于教学重、难点的解决，有利于新的教学模式、教学方法的应用，有利于提高教学质量。

④ 研评型说课。是指将说课纳入整个教学研究活动过程中，突出研评结合，作为教学研究活动的一个环节来进行。具体可分为两种模式：

模式Ⅰ：上课-说课-评课模式。此模式是在上课、听课基础上，教师面向同行说课，然后进行评课。

模式Ⅱ：说课-研讨-上课-评课模式。此模式是先行说课，然后进行研究讨论，修改、调整教学设计方案；再次付诸实践（上课），课后再行评价，进一步优化教学方法、手段，形成最佳的教学方案。

此类说课与其他环节结合紧密，无论采用哪种模式，都能比较全面地反映一个教师的水平和素质，有理论方面的，也有实践方面的；同时又能全面、准确地评价教师教学的全过程。在指导上也非常直接和及时，针对性强，这是其他类型说课所不能比的。因此，此类型说课应该作为教学研究活动的主要形式，尤其是应该作为基层学校教学研究活动的主要形式。

⑤ 示范型说课。是指由教育主管部门或学校组织，聘请专家、优秀教师作专题报告、上优质课后的说课活动；或者将说课内容付诸课堂教学，组织听课人员对教师的说课内容及课堂教学作出评价。示范型说课是教师专业成长的重要途径，听课教师从"观说课-看上课-听评课"过程中，拓宽视野、增长见识，教学实践得到深华，是提高教师队伍素质的一条有效途径。

二、说课的基本内容

1. 说教材

主要是说对教材知识结构的编排体系的理解。应从以下三方面阐述：

① 本节课的教学目标、重点、难点是什么，确定教学目标的依据以及确定教学重、难点的理由是什么。

② 说明本节课在教材模块中的地位及其与前后教材的联系。

③ 怎样编辑整合教材，处理教材的两种方法：教材内容的观点，包括教材的案例与形势发展出现滞后性应怎样处理；根据知识的逻辑性，对教材内容在教学程序上进行调整。说教材，实质上是分析教材，这是教师进行课堂设计的基础，也是教师说课的重点内容。

2. 说教法

说这一节课采用哪些教学方法进行教学，并说明采用这些方法的理论依据和所能达到的教学效果。具体要求：

　　① 说出本节课采用的最基本或最主要的教学方法，说明这节课选择该主要方法的理论依据，理由是什么。

　　② 说明教师的教学方法与学生采用的学习方法之间的联系，说明教师与学生互动的方式。

　　③ 重点说出如何突出教学重点，突破教学难点的方法。

3. 说学法

　　阐述教给学生什么样的学习方法。如指导学生进行阅读、自学、思考、记忆、背诵等。在一堂课中，根据本节课的教学内容，只要说出一至两种学习方法即可。

　　当然，教学方法与学习方法可以分开述说，也可以合并在一起说明，还可以将具体的教学方法穿插在教学过程中说明。

4. 说教学程序

　　教学程序是教学活动的系统展开过程，它表现为教学随时间推移的活动序列，其描述教学活动是如何发起，怎样展开，最终又是怎样结束的。说教学程序是阐明教师组织实施一节课的方案，是说课的一个重要环节。

　　具体是说这一节课在教学过程中将采用的设计思路、教学流程、教学媒体、实验设计、板书设计以及教学手段等要素。例如"教学流程"的说明，是对教学过程主要环节的概括，它的作用是有助于听众清晰了解和把握说课者关于教学活动的整体安排，使听者明白本节课要"教什么""怎样教""为什么这样教"的道理。又例如"教学手段"的运用，要根据教材内容和教学目标的需要，恰当、有机地使用，教学手段不是使用得越多越好。

　　说教学程序是说课最重要的内容，它最能体现教师的教学理论素养。因此，说课教师必须花大力气去研究说好教学过程的方法。

5. 说练习

　　说这一节课设计了哪些练习题和课外练习。简明扼要说出本节课教学重点和难点的练习题。

6. 说板书设计

　　事前将本课时的教学内容，按照知识的条理性、层次性、结构化编辑完成，以此为基础，简要说明重点知识，利于学生理解和记忆。

　　综上所述，说课的工作流程如下图6-1。

三、说课的基本原则与要求

　　说课要体现教育理论和教学规律的科学性、目的性、实用性、启发性和指导性原则，所以说课必须遵循以下基本原则与要求。

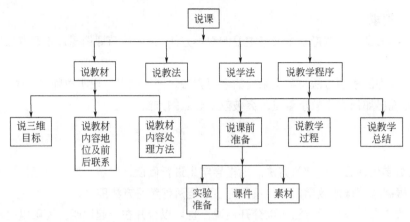

图 6-1　说课的基本流程图

1. 内容完整性和突出重点相结合的原则

说课必须坚持"四问"（教什么、怎样教、为什么这么教、教得如何）和"五说"（说教材、说教法、说学法、说过程、说效果）的完整性；一定要根据教材的特点、学生的实际、听课的对象、教学环境等决定说课的侧重点，详略当得，说出深度，说得精彩。

2. 理论分析与教学操作相统一的原则

说课是对说课者教育教学理论的一种检验。如果没有充分的理论分析，这样的说课价值不大。但是，说课的最终目的是为了提高课堂教学质量，因此，必须把教育理论与教学操作的联系说清楚，以显示说课者运用教育理论的能力。

3. 坚持现实性与发展性相统一的原则

说课要从教学实际出发，不能脱离现实。说课者本着对教学现状的了解及对教育理论的理解，坚持实事求是的原则，这样才会真正在教育教学改革中发挥其作用。

4. 注意防止将说课变成讲课

着重讲好"怎样教""为什么这么教"依据的理论和实践经验，讲清处理方法和理由。

5. 准备充分

对说课涉及的内容要有充分、全面的研究，要对听讲者可能提出的种种问题做好心理和应答上的准备。

四、案例研究

案例："几种重要的金属化合物"（第二课时）说课稿

（一）说教材

1.教材分析

本课位于人教版《高中化学1》第三章第二节。主要内容是铝及其化合物的物理性质和化学性质，以及结合实验使学生理解 $Al(OH)_3$ 生成及溶解的函数图像（见图 6-2），并灵活分析解决一般的计算问题。其中 Al_2O_3、$Al(OH)_3$ 的两性知识是教学重点，图像函数变化是教学难点，借助于教材对 Al_2O_3、$Al(OH)_3$ 性质、制法的介绍，帮助学生在认识元素化合物知识的基础上，建构共性与个性的认知，并形成辩证唯物主义观点。Al_2O_3、$Al（OH）_3$ 的性质认识，是通过实验探究方法完成的，这为培养学生的实验能力、观察能力、思维能力及归纳能力提供了一个很好的机会。

2.教学目标

（1）知识与技能目标

① 掌握 Al_2O_3、$Al(OH)_3$ 两性知识。

② 掌握 $Al(OH)_3$ 的实验室制备方法。

③ 通过实验探究和计算分析，培养学生的观察能力，动手能力，分析、解决问题能力。

（2）过程与方法目标

① 通过演示实验和学生实验相结合的方法，使学生理解、掌握 Al_2O_3 和 $Al（OH）_3$ 的两性及 $Al(OH)_3$ 的实验室制备方法。

② 结合实验探究使学生理解 $Al(OH)_3$ 生成及溶解的有关图像，并能灵活分析解决一般的计算问题。

（3）情感态度和价值观目标

① 通过 Al_2O_3、$Al(OH)_3$、明矾性质和用途的教学，激发学生学习化学的热情，树立为社会、为人类的进步发展而努力学习的责任感。

② 通过 Al_2O_3、$Al(OH)_3$ 的两性说明元素性质的递变性，对学生进行辩证唯物主义思想教育。

3.教学重、难点分析

（1）重点

Al_2O_3、$Al(OH)_3$ 的两性，$Al(OH)_3$ 的生成及溶解的函数图像及相关计算。

（2）难点

$Al(OH)_3$ 的生成及溶解的函数图像。

（二）说教法

本节课教学以 情景导入 → 引入问题 → 自主阅读 → 实验探究 → 合作讨论 → 归纳总结 为主线，依据建构主义学习理论，"学生才是决定学习的关键和直接因素，教材、教法、环境条件影响都是外部条件，虽然很重要，但都是间接因素"。因此在本节课教学中，要突出学生的主体地位，通过学习、探究、分析、活动、总结诸多环节操作，发挥学生的主观能动性，从而建构知识。

（三）说学法

1.学情分析

高一学生已经学习了钠及其化合物的知识，初步具备从金属元素的共性推导其他金属性质的能力，本节课的实验操作又属于基础实验，因此学生可以借助实验基本能力，通过探究活动，获得 Al_2O_3 和 $Al(OH)_3$ 的两性知识。这种物质的两性知识，对于学生来说又是个"特例"，$Al(OH)_3$ 形成及溶解的图像思维学生很生疏，教师要进行学法指导。

2.学法指导

① 从钠的氧化物及其氢氧化物的性质出发猜想 Al_2O_3 及 $Al(OH)_3$ 有哪些性质，再用实验证实，使学生产生成功感、喜悦感，再通过实验探究，引出新问题，激发学生深入探究的积极性。

② 加强实验规范性指导，实验前阐明实验的目的和要求，过程中深入到学生中进行指导，及时纠正错误，要求学生仔细观察和分析，认真总结，培养学生的实验能力。

③ 对 $Al(OH)_3$ 形成及溶解的图像认识，运用函数坐标的知识，引导学生将数学原理运用到化学中解决实际问题，培养学生的分析推理能力。

（四）说教学程序

1.课前准备

（1）素材和课件准备

①生活中铝及铝的化合物视频；②明矾净水视频；③ppt。

（2）实验准备

演示、学生实验用品的准备。

2.教学过程

（1）情境设置导入

教师通过提问"生活中最常见的金属有哪些？有什么用途？"以及播放"生活中的铝"引入新课。引导学生自主阅读教材中的相关课文，强化学习兴趣。

（2）性质推理

要求学生画出钠、铝原子结构示意图，从钠的性质尝试推导金属铝的性质，并用实验验证，比较异同（培养学生推理能力、知识迁移能力）。

（3）实验探究

探究一：通过小组实验，对比普通铝条及打磨后的铝条分别与盐酸和氢氧化钠反应的实验，分析、推理铝条表面氧化物的性质（培养合作学习、科学探究的能力）。

探究二：通过小组实验，制备 $Al(OH)_3$ 及 $Al(OH)_3$ 分别与盐酸和氢氧化钠反应的实验，分析、推理 $Al(OH)_3$ 的两性知识（培养共性与个性的辩证唯物主义观点）。

（五）实验探索演示

教师演示：向 $Al_2(SO_4)_3$ 溶液中滴加 NaOH 溶液至过量，观察现象，分析原因，并引导学生用函数图像表示该过程的方法（培养辩证唯物主义认识观、运用数学知识解决化学问题的能力，并提升学生对交叉学科的认知）。

学生通过对案例的探究以及知识检测的完成，及时反馈和重现自己对所学知识的掌握程度，进而调整对知识深广度的把握，培养反思总结的习惯。

（六）说板书设计

铝的重要化合物

1.氧化铝

$$Al_2O_3 + 6HCl =\!=\!= 2AlCl_3 + 3H_2O$$
$$Al_2O_3 + 2NaOH =\!=\!= 2NaAlO_2 + H_2O$$

2.氢氧化铝

① 制备：$Al_2(SO_4)_3 + 6NH_3 \cdot H_2O \Longrightarrow 2Al(OH)_3 \downarrow + 3(NH_4)_2SO_4$

② 性质：$Al(OH)_3 + 3HCl \Longrightarrow AlCl_3 + 3H_2O$

$\qquad Al(OH)_3 + NaOH \Longrightarrow NaAlO_2 + 2H_2O$（两性氢氧化物）

3.活动探究

在 $AlCl_3$ 溶液中逐渐加入 NaOH 溶液至过量

$$3NaOH + AlCl_3 \Longrightarrow 3NaCl + Al(OH)_3 \downarrow$$

$$Al(OH)_3 + NaOH \Longrightarrow NaAlO_2 + 2H_2O$$

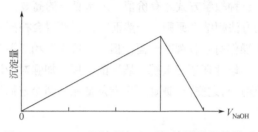

图 6-2 $Al(OH)_3$ 沉淀量与 NaOH 溶液用量的关系

第二节 评课

一、评课的含义、原则及作用

1. 评课的含义

评课是指对课堂教学成败得失及其原因做中肯的分析和评估，并且能够从教育理论的高度对课堂上的教育行为作出正确的解释。具体地说，是指评课者对照课堂教学目标，对教师和学生在课堂教学中的活动以及由此所引起的变化进行价值的判断。评课是一种经常开展的有目的、内容、过程、方法和结果的特殊的教学研究与评价活动。

评课是听课活动的后续工作，是教学整体活动的部分构成；是优化教学形式，完善教育功能，提高教学效率的一种措施；是提高教师从教能力，促进教学反思，提高课堂教学质量的有效途径，也是衡量教师教学水平的重要方式。评课的类型有很多，如同事之间互相学习、共同研讨评课，学校领导诊断、检查的评课，上级专家鉴定或评判的评课，等等。

2. 评课的原则

为了使评课科学、合理，在评课的过程中要遵循一定的原则。

（1）目标与手段相一致原则　评课时，首先要考察教师是否预设合适、明确、具体的教学目标；其次要关注教师是否重视教学过程的"生成性目标"，它是一种"功能性目标"，对学生的发展有着重要的作用；最后，要关注为了实现设定的教学目标，所使用的教学手段是否合理。

（2）观念与行为相协调原则　"立德树人"的教育方针，确立了基于"核心素养"从而培养"全面发展的人"的教育观、知识观、学生观等。作为教育工作者，在课堂教学中，要依据这些基本观念规范个人的教学行为，自觉运用教育观念指导具体的教学实践。在评课过程中要关注教师是否运用正确的教育观念、先进的教学理论来指导自己的教学活动，并做出客观评价。

（3）效果与效率相统一原则　教学效率，是衡量单位时间内课堂教学的质量高低的标志；教学效果，是衡量单位时间内信息传递速度、信息容量大小、教学节奏快慢的标志。教师在教学过程中通常会尽可能多地讲述新知识，加大训练强度，以提高教学效率。课堂上如果长时间保持这种方式，会使学生感到紧张、劳累，其结果是低效率的。课堂教学的高效率应该是完成预设的教学任务的同时，又发展了学生的智力和能力，即建立在对知识的建构和对学生的发展具有推动作用的基础上，这种教学方式才有价值，才是真正的高效。

（4）量的方法与质的方法相结合原则　一般而言，评课时会根据事先制定的评价表，对授课人进行评分，这种量化操作有它客观的一面，但"评价表"和"评分"是主观的，其结果说明和解释通常比较简单，所以评课还要重视"质"的把握，加强对授课人教育观念和教学行为的分析，要求评课者还要课后与之交流。评课时只有从量和质两个方面综合评价才能客观有效。

3. 评课的作用（意义）

在当前新课程改革的背景下，客观、公正、科学地评价课堂教学，对探讨课堂教学规律、提高教学效率、促进学生全面发展、促进教师专业成长、深化课程改革有着重要的意义。主要有以下几个方面。

（1）有利于促进教师转变教育思想，更新教育观念，确立课改新理念　教师一定要确立自己的教育理念，它是教育工作的主心骨。先进的教育思想不仅是课堂教学的灵魂，也是评好课的前提。所以，评课要有指导性、针对性，首先必须研究教育思想。在评课中，评课者只有用先进的教育思想、超前的课改意识去分析、透视每一节课，才能对一堂课的优劣作出客观、科学的评价，给授课者以正确的指导，从而促进授课者转变教育思想，更新教育观念，揭示教育规律，促进授课者发展。

（2）有利于帮助和指导教师不断总结教学经验，形成教学风格，提高教育教学水平　我们常看到，同样的一节课，不同教师表现出的教学风格不同。有的是精雕细刻，把课上得天衣无缝；有的是大刀阔斧，紧紧抓住重点、难点，使疑难问题迎刃而解；有的善于归纳推理，用逻辑思维本身的魅力吸引学生；有的运用直观、形象、幽默的优势，使学生在课堂上感到轻松愉快，充满学习的乐趣。所以在评课中，评课者要注意发现和总结授课者的教学经验及个性，要对授课者所表现出来的教学特点给予鼓励，让授课者的教学个性由弱到强，由不成熟到成熟，使其逐步形成自己的教学风格。

（3）有利于信息的及时反馈、评价与调控，调动教师教育教学的积极性和主动性　通过评课，可以把教学活动的有关信息及时提供给师生，以便调整教学活动，确保目标明确、方向正确、方法得当、行之有效。首先，通过评课的反馈信息可以调节教师的教学工作，了解、掌握教学实施的效果，反省成功与失败的原因，激发教师的教学积极性、创造性，及时修正、调整、改进教学方法。其次，通过评课的反馈信息，可以调节学生的学习活动。学生从评课中获得自己学习的有关信息，加深对自我的了解，为下一步的学习提供帮助；矫正以往学习中的错误行为，坚持和发扬正确的学习方法与作风，提高学习效率。评课的目的是为了改进教学，它集管理调控、诊断指导、鉴定激励、沟通反馈及科研为一体，是研究课堂教学最直接、最具体、最有效的一种方法和手段。

二、评课的方法

1. 从教学目标上分析

教学目标是教学的出发点和归宿，它的正确制定和达成，是衡量课堂教学好坏的主要尺度，所以评课首先要分析教学目标。现在的教学目标体系是由"三个维度"组成的，体现了新课程"以学生发展为本"的价值追求。如何理解这三个目标之间的关系，也就成了准确把握教学目标，正确评价课堂教学的关键。有人把课堂教学比作一个等边三角形，而知识与技能、过程与方法、情感态度与价值观就恰好是三角形的三个顶点，任何一个顶点得不到重视，那么这个三角形就不平衡。这无疑是一个很恰当的比喻，形象地表现了这三个目标相互依赖的关系，反映了这三个目标的不可分割，缺少了任何一个目标的达成，一堂课显然就不完整了。

2. 从教材处理上分析

评析老师一堂课上得好与坏，既要看教师知识教授的科学性，更要注意分析教师在教材处理和教法选择上是否突出了重点，突破了难点，抓住了关键。

3. 从教学程序上分析

教学目标要在教学程序中完成，教学目标能不能实现要看教师教学程序的设计和运作。所以，评课就必须要对教学程序做出评析。教学程序评析包括以下几个主要方面。

（1）看教学思路设计　教学思路是教师上课的脉络和主线，是根据教学内容和学生水平两个方面的实际情况设计出来的。反映一系列教学措施怎样编排组合，怎样衔接过渡，怎样安排详略，怎样安排讲练，等。

教师课堂上的教学思路设计是多种多样的。为此，评课者评价教学思路，一看教学思路设计是否符合知识内容，是否符合学生实际；二看教学思路的设计是不是有一定的独创性，给学生以新鲜的感受；三看教学思路的层次、脉络是不是清晰；四看教学思路实际运作的效果。

（2）看课堂结构安排　教学思路与课堂结构既有区别又有联系，教学思路侧重教材处理，反映教师把握教学脉络；课堂结构侧重教法设计，是指一堂课的教学过程各部分的确立，以及它们之间的联系、顺序和时间分配，反映教师操作教学过程的层次和环节。课堂结构的不同，也会产生不同的教学效果。一堂好课应该是结构严谨、环环相扣、过渡自然、时间分配合理、密度适中、效率高的。

4. 从教学方法和手段上分析

评析教师教学方法、教学手段的选择和运用是评课的又一重要内容。评析教学方法和手段包括以下几个主要内容。

（1）看是否以学生为主体、教师为主导　教育观念影响着教育发展的质量，教师的师生观、学生观决定着教育发展的前途。对于教师来说，学生是受教育的客体；对于解决教学任务的一系列认识活动来说，学生又是学习的主体，是学习的主人。教师的主导作用必须也必然有一个落脚点，这个落脚点只能是"学生"，教的目标和结果一定要由"学"体现出来。更为主要的是，学生的"学"是教师不能替代的，教育质量的提高和教学目标的实现都要通过学生的"学"来实现。这就要求我们不能矜持于师道尊严，要及时转变教育教学理念，巧妙地发挥主导作用，为学生的"学"服务。

（2）看教学方法的灵活性　教学方法最忌单调死板，再好的方法天天照搬，也会令人生厌。教学活动的复杂性决定了教学方法的多样性。所以评课要看教师是否能够恰当地选择教学方法以及在教学方法多样性上下功夫，使课堂教学常教常新，富有艺术性。

在教学中，教师注重引导学生将获取的新知识纳入已有的知识体系中，真正懂得将本学科的知识与其他相关学科知识联系起来，并让学生把所学知识灵活运用到相关的学科中去，解决问题，加深学生对于知识的理解，提升学生综合应用知识的能力。

（3）看教学方法的改革与创新　评析教师的教学方法既要看常规，还要看改革与创新。要看课堂上思维训练的设计、创新能力的培养、主体活动的发挥、新的课堂教学模式的构建、教学艺术风格的形成等。

现代信息技术已成为教师教学的工具及学生学习的工具；现代教学呼唤现代化教育手段。因此，还要评价教师运用现代信息技术提升课堂教学质量的水平。

5. 从教师教学基本功上分析

教学基本功是教师上好课的一个重要方面，所以评课还要看教师的教学基本功。表现在以下方面。

（1）看板书设计　好的板书，首先要设计科学合理；其次是言简意赅；再次需条理性强，字迹工整美观，板画娴熟。

（2）看教学态度　心理学研究表明，人的表达靠 55%的面部表情+38%的声音+7%的言词。教师课堂上的教态应该是仪表端庄，举止从容，态度热情，热爱学生，师生情感交融的。

（3）看语言艺术　教学是一种语言的艺术。教师的语言有时关系到一堂课的成败。课堂语言，首先，要规范清楚、精准简炼、生动形象富有启发性；其次，语调要高低适宜，快慢适度，抑扬顿挫富于变化。

（4）看操作规范　看教师运用教具，操作投影仪、多媒体、电脑等的熟练程度。

（5）看应变能力　看教师在课堂上是否能灵活、娴熟地处理偶发现象或事件。

6. 从教学效果上分析

看课堂教学效果是评价课堂教学的重要依据。课堂效果评析包括以下方面：一是教学效率高，学生思维活跃，气氛热烈，主要是看学生是否参与，是否喜欢；二是学生在课堂教学中的思考过程，按照课程标准的要求，学生的学习不仅包括知识与技能，还包括解决问题的能力、思考、情感、态度、价值观的发展；三是看教师是否面向全体学生，实行因材施教原则，学生在原有基础上都有进步；四是有效利用 40 分钟，学生学得轻松愉快，积极性高，负担合理。

课堂效果的评析，有时也可以借助于测试手段。即课毕，评课者对学生的知识掌握情况进行测试，而后通过统计分析来对课堂效果做出评价。

三、评课注意事项

人们常说"当局者迷，旁观者清"，在评课中，评课者自身也很容易出现失误，除了技术性和科学性的问题外，属于评课方式的问题也不少。常见问题如下。

1. "哄"评

你好我好大家好，敷衍了事。大致有两种类型：一种是因为评课者准备不足或能力有限，所以难以深入分析课堂教学的得失。因此，评课者就不得不勉强应对、多夸少评，使评课流于空泛笼统。另一种"哄"评则是出于人情面子和各种利益考虑，这种"评课"其实基本已经不能视为教研活动了。

2. "套"评

用理论、理念、理想套教学。课堂教学需要理论的引导，但是一堂课"全面、彻底"地体现理论、理想的要求则未必实际，不用说日常课，就是精心准备的"公开课"也难以实现。所以一堂课不能完全用教育理念和教育理想评到底。

3. "替"评

用自己的教学设想来评课。不可否认的是，评课者在听课和判断时，心中重要的参照系就是自己对本堂课的教学设想。但是，在评课时越俎代庖，这就未必妥当了。评课者一般都对学情了解有限，其设想也就容易"看上去很美"，实施起来很难。

4. "苛"评

评课中太重细节，求全责备。在评课中，不重整体而偏好局部，不观大体而好抠细节，找到一点问题就大肆发挥、上纲上线。教学固然要精益求精，但教学又是"遗憾的艺术"，"有问题"是正常的，指出即可，没有必要抓住不放。

四、案例研究

案例：二氧化碳性质

本节课注重从学生熟悉的日常事物着手来创设学习情境，教师积极引导学生去发现问题，充分发挥以学生为主体，以教师为主导的教学思路，通过"提出问题→实验探究→得出结论"这一系列活动来认识物质的性质，分析现象后得出结论，激发学生积极主动地去探究、学习，使其真切地体验到探究学习的乐趣。教师结合科学发展的现实向学生说明随着科学研究的不断深入，对物质的了解也会更加细致，从而激发学生对科学的向往，激发学生自觉学习的动力。

亮点一：教师能够从故事"意大利那不勒斯的深山峡谷中的著名屠狗洞"出发，激发学生学习的热情，揭示"科学与迷信"的关系。

亮点二：教师能够对 3 个演示实验(①向长短不同的两支点燃蜡烛的烧杯中倾倒 CO_2 气体；②向一个收集满 CO_2 气体的软塑料瓶中加入一定量的水；③四朵用石蕊溶液染成紫色的干燥的纸花）成功进行，采取对比实验，使实验现象明显，直观地展示在学生面前，这说明了教师在讲课之前做了准备工作，给学生一个感性的教学。

亮点三：在四朵用石蕊溶液染成紫色的干燥的纸花实验中，教师将每次的实验品（小花）展示在黑板上，效果明显，从而使教学达到更好的效果。

亮点四：板书清晰，结合多媒体教学，与学生的互动较多，课堂气氛比较活跃。

不足之处：

① 在四朵用石蕊溶液染成紫色的干燥的纸花实验中，教师用的瓶子是白色不透明的，学生不清楚里面装的液体是什么颜色，很容易产生误解。

② 本节课的重点是 CO_2 的化学性质，难点是 CO_2 与水反应的化学原理，对于 CO_2 的每条化学性质，都应该由实验得出结论。所以应做 CO_2 能够使澄清石灰水变浑浊实验。

本次化学教学活动对我的启发：教师无论在课堂还是课后都要善于思考，将理论与实践相结合，要经常对自己的教学进行反思和总结，不断修正自己的教学方法，树立正确的教学观念，与时俱进。

参考文献

[1] 刘知新. 化学教学论[M]. 5 版. 北京: 高等教育出版社, 2018.

[2] 刘知新, 王祖浩. 化学教学系统论[M]. 南宁: 广西教育出版社, 1999.

[3] 周青. 化学教育测量与评价[M]. 北京: 科学出版社, 2016.

[4] 郑长龙, 周仕东. 化学实验教学中的活动表现评价方法[J]. 中学化学教学参考, 2004(1): 3.

[5] 娄延果, 郑长龙. 新课程理念下教师化学课堂教学效果评价方案的构建[J]. 化学教育, 2004, 25(6): 6.

[6] 唐力, 孙影, 黄都, 等. 化学探究式教学评价指标及其测试的研究[J]. 化学教育, 2003, 24(10): 6.

第七章 化学教育研究的理论和方法 7

第一节 化学教育研究的选题与设计

化学教育研究是教育研究的一部分，就是从客观存在的教育事实出发，运用科学的方法对教育实践中亟待解决的问题，进行分析和解决，从而发现相关规律，提高教育、教学质量的科学研究活动。

一、化学教育研究的含义

化学教育研究是以发现或者发展化学教育科学理论、知识体系等为方向，通过对化学教育现象的解释、预测和控制，获得化学教学原理、原则或问题解决策略等的活动。教育研究属于社会科学研究的范畴，因而与所有科学研究一样，也是由客观事实、科学理论和方法手段三个要素构成。

化学教育研究与一般的化学经验总结不同，它具有很强的目的性、计划性，需要按照一般科学研究的规范，以教育领域的现象和问题为对象，探索和认识教育教学规律，解决教育实践、教学改革中的问题，从而推动教育教学的创新发展。化学教育研究的计划性，是指研究活动需要周密计划，细致安排，有序展开；它也必须遵守基本的研究要求和伦理规范。

二、化学教育研究的选题

选题是研究者选择和确定所要研究问题的过程。主要包括：一是确定研究方向，二是选择研究的问题。选择和确定研究课题是完成一项完整的教育研究的开端，也是教育研究的关键步骤。它规定研究的方向、目标与内容，规定研究采取的方法和路径。

一个好的研究课题，应该具备以下特点：问题必须有价值；问题必须联系实际，有科学性；问题必须具体明确；问题要新颖，有独创性；问题的研究要有可行性。

三、化学教育研究的设计

研究课题确定以后，可以进行研究设计，它是确保教育研究质量的关键环节。教育研究一般可以分为定性、定量研究两种。

定性研究是对教育现象进行描述性的研究，进而分析和解释教育现象的含义和特征，其功能是"描述"与"解释"，对人们认识教育现状、教学现象和特征有重要意义。

定量研究是认识事物数量界限的研究，是在理论思考的基础之上，对教育现象内外部关系进行"量"的分析研究，寻找有决定作用的结论。进行定量研究时，要寻求将数据定量表示的方法，还要采用数据统计分析的形式。定量研究的主要功能是"实证"，在此基础上进行"描述""推断""预测"。

定性研究和定量研究相结合，可以从宏观到微观、一致性与复杂性、纵向与横向、背景与前景等方面，对教育现象进行全方位、多角度的研究，使结果更具有说服力和科学性。

化学教育研究的设计是对教育教学研究活动开展的全过程设计，主要包括对课题陈述、变量分析、文献研究、收集资料的过程设计等部分的构思和撰写。

化学教学研究的一般过程：

选择确立研究课题 → 查阅期刊文献 → 制定课题研究计划 → 调查研究搜集资料 → 分析整理研究资料 → 归纳表达研究成果

第二节　化学教育研究的内容与方法

化学教育研究是研究化学教育系统各构成要素之间的相互关系以及系统运作过程中存在的问题。

一、化学教育研究的内容

依据问题的性质和类型，可以将化学教育研究的内容划分如下。

1. 化学教材的研究

研究化学教材如何渗透学科思想；研究化学教材的知识结构和体系；研究化学教材内容的广度、深度和难度；研究化学教材如何有利发展学生智力、培养学生的能力；研究适合各民族、各地区的民族教材和乡土教材；研究化学教材如何联系生产、生活实际；研究化学教材的评价；等等。

2. 化学教学方法的研究

元素化合物知识的教学方法研究；化学用语的教学方法研究；理论知识的教学方法研究；化学计算教学方法研究；化学实验教学方法研究；复习课教学方法研究；等等。

3. 化学实验及其教学的研究

化学实验原理的研究，如对某些实验原理的研究；提高实验效果的研究，如对乙醇催化氧化实验的改进等；实验教学中培养学生解决问题能力的研究；实验教学中培养发展学生实验兴趣的研究；实验教学中学生心理活动规律的研究；等等。

4. 化学教学基础理论的研究

研究教师的主导作用与学生主体性的关系；研究化学学习理论；研究发展学生智力、培养能力；等等。

5. 其他

如，化学教学如何贯彻爱国主义教育的研究；计算机辅助教学在化学教学中的运用等。

二、化学教育研究的方法

常见化学教育研究的方法有：文献法、观察法、实验法、调查法、比较法、经验总结法、统计法、图表法、内容分析法等。由于客观事物的复杂性，所以一个课题常常需要运用多种方法配合进行研究。但是，常以某一种方法为主，配合运用其他方法。

常见方法及其步骤如下。

1. 查阅文献期刊

有些教师在教学实践活动中发现了某个问题，就立即进行研究和改进，但实际上这个问题可能已有人做过研究且进行了很好的改进。因此在确立研究课题前，要仔细阅资料，避免重复劳动；如果他人的研究还不够，则又为自己的课题研究增加了依据。

2. 制定课题研究计划

课题研究计划包括确立研究的对象、选择研究的方法、制定研究步骤和实施方案、对研究成员进行组织分工、对研究进度的预设、研究设备的准备、研究成果的整理、研究经费的预算等。研究计划一般是在填写课题申报表时一并完成。

3. 调查研究搜集资料

调查研究搜集资料是研究工作的主题阶段。研究者采用调查、实验、观察或其他各种不同的方法和手段进行课题研究实践活动，从中搜集有关问题材料。在搜集资料过程中，要进行记录、分类、整理，使资料系统化，以便后面分析问题、概括结论、撰写论文时可以毫不费力地将资料找出来。研究过程中，要不断记录研究中需要运用的资料以及自己对具体资料的分析意见和结果。

4. 分析整理研究资料，归纳表述研究成果

对研究过程中搜集来的大量资料，经过自己思考和集体讨论，进行去粗取精、去伪存真、由此及彼、由表及里的逻辑分析，揭示事物规律，概括出研究结论。并以研究报告或研究论文的形式表述出来。其内容主要包括以下三方面：

第一，前言阐述课题研究的目的及意义，前人在该课题上所做的工作及存在的问题，本课题的研究方案及成果。

第二，论文主要部分阐述本课题的研究对象、研究时间及地点、研究方法、收集到的材料

及研究结果。

第三，结论与讨论部分简要概括，并对该课题今后如何完善或研究的发展趋势提出观点。

三、化学教育课题研究

目前，课题研究是中小学教师专业研究必备手段之一，也是提升教师专业素养和综合素质的最佳途径。下面介绍课题研究方案的一般方法。

1. 课题名称

课题名称就是课题的题目，推敲好课题题目很重要，因为它是一个课题研究的纲领，概括了研究的主要内容。如何琢磨好研究题目？一般地说，要用简单明了的语言表明其研究内容，最好用一句话表述。研究什么内容就用什么题目，不用新闻报道的题目，不用文学方式的题目，不用副标题。

2. 问题提出

① 这部分的内容可写问题提出，也可写研究背景，还可写研究动因等。不管你选择什么概念作为这部分的标题，写这部分的目的，是为了说明研究这个课题的理由。要简明地阐述自己研究该课题的原因、别人研究的情况、研究的价值等内容。

② 可以从以下几个方面的背景入手说明其动因。

第一，从分析教育历史背景入手说明其动因；

第二，从分析国际、国内教育背景入手说明其动因；

第三，从分析当地教育背景入手说明其动因；

第四，从本校教育背景入手说明其动因。

分析第一、第二方面的背景，是对较大课题而言的，一般的应用性研究课题，重点对第三、第四方面的背景进行分析。特别是对本单位在这方面存在问题的分析，使课题的问题更实际，更具有研究性。

③ 这部分内容容易出现的偏差，包括以下几个方面。

第一，引用的背景材料和所要研究的课题脱节，说明不了要研究这个课题的理由。

第二，问题的分析不客观或不切合实际，使研究的问题缺乏真实性。

第三，问题提出时，只有国际、国内或当地教育背景分析，没有本校教育、教学或管理方面的分析，其研究动因不实在，还会头重脚轻。

第四，写得太长，造成研究方案中各个部分的篇幅不均衡。

3. 研究依据

（1）写作目的　是为了说明研究课题的理论基础或政策、法规依据。无论课题研究的内容复杂还是单一，这部分必须写，否则就成了没有理论指导的盲目研究。

（2）理论依据撰写　首先要说明本课题选择什么理论作为依据。其次要简要说明其理论的主要内容。如"研究综合实践活动课程"，用得比较多的是马克思主义的实践理论。在表述时，除了说明要运用这个理论外，还要用简单明了的话语对其内容进行说明。可以这样表述：马克思主义实践论认为"认识来源于实践，并要在实践中得到检验"。还要注明引用的话出自什么著作，何时的版本等。

（3）容易出现的偏差

① 所选择的理论或政策、法规依据和研究的时间不符合，这样，理论依据被架空，而研究的问题就失去了理论指导。

② 只提出了理论概念，而无具体内容，如马克思理论，素质教育理论，心理学理论。因为每一种理论的内容有很多，不知道该课题选择该理论的什么具体内容作指导。

③ 将专家的话作为理论依据，这样不严肃。因为教育专家的话可能是一种学术观点，难以说明是什么样的科学理论。

④ 将政策和法规作为理论，这样不严谨。若既有理论还有政策、法规作为依据的，标题应为"理论和政策法规"依据。

4. 课题界定

课题界定也叫概念界定。界定目的是对课题名称或重要概念进行解释。对所用的新概念和别人难以理解的概念必须进行界定，对通俗易懂或常用的概念不需要界定。写课题或概念界定时，应用简明的语言对其内涵进行说明，无需长篇大论，更不要含糊其词。

5. 研究目标和内容

写研究目标和内容的目的，是为了使课题研究方向更加明确，研究内容更加具体，研究任务更加清晰。研究目标和内容要写实，应是本课题研究中，经过努力可以达到的目标和可以完成的研究任务。

研究目标是指通过该课题的研究和实践要达到什么样的目的和目标。例如通过本课题的研究和实践，要探索某种教育规律，形成某种理论成果和实践成果等。研究目标是指向性的内容，不要写得很细。研究目标一般和预期研究成果相互对应。

研究内容是指该课题研究若要达到上述目标，应该开展哪几方面的研究。研究内容，一般和研究过程中的研究措施相互对应。

写研究目标和内容要简洁明确，提倡条文式。

写研究目标和内容容易出现的偏差：一是研究目标和内容脱节；二是两者混为一谈，分不清目标和内容；三是只有研究内容无研究目标，"研究内容就是一切，研究目标是没有的"，使研究带有盲目性。

6. 研究方法

说明进行该课题研究将采用的具体方法。

应用性课题一般采用行动研究法、调查研究法、经验总结法、比较研究法等，这些都是常用方法。此外，还有"实验研究法"，这是一种通过教育条件和干预教育过程以达到实验目的的一种方法，也就是通过对某些变量和另一些变量之间的对应关系进行比较，认识或发现教育的某些普遍性特征或规律。

在写研究方法时，对主要方法应重点说明。如采用行动研究法，首先说明研究什么，如何研究。其次才是开展的教育行动。

7. 研究措施及步骤

这个部分的内容应根据课题的需要确定。研究措施应写具体，要与研究内容和研究方法对应，对研究步骤和时间安排大致说明就可以了，因为在研究过程中可能根据实际情况还会有调整。一般的研究课题需要三年以上的时间才能完成任务，如果有些课题研究计划的时间太短，应该视其情况进行适当调整。

8. 预期成果

写预期研究成果的目的，是为了说明通过该课题研究，计划形成哪些成果，这些成果用何种方式呈现。一般地说，应用性教育课题研究成果可分为三种：一是理论性成果，包括教育专著和教育论文等；二是研究性成果，包括研究报告、调查研究报告、模式、策略、校本课程、课件等；三是实际效果，是指通过研究，促成教育教学质量、管理水平、教师素质提高的实际效果。形成哪些成果，应根据课题研究的目标和内容而定，但在课题研究方案中对成果应有设想。

"参考文献"不必作为一个部分，但在方案后面要说明，在研究过程中，参考哪些著作或论文，或研究人员特别是主持人，要具体到哪几本理论著作或哪几篇理论文章。对著作和论文出版或刊登时间等应加以注明。

参考文献

[1] 教育部基础教育司. 走进新课程——与课程实施者对话[M]. 北京: 北京师范大学出版社, 2012.
[2] 王克勤. 化学教学论[M]. 北京: 科学出版社, 2006.
[3] 江家发. 化学教学论[M]. 安徽: 安徽师范大学出版社, 2014.
[4] 郑长龙. 化学课程与教学论[M]. 2版. 长春: 东北师范大学出版社, 2005.
[5] 李玉珍. 化学教育专业师范生课堂教学技能的渗透式培养[J]. 化学教育, 2016, 37(14): 53-57.

第八章 化学教师的职业素养发展

第一节 教师教育的概况及发展趋势

一、教师专业化的基本内涵

教师专业化是指教师职业具有独特的职业要求和职业条件，有专门的培养制度和管理制度。教师专业化的基本内涵是：第一，教师专业既包括学科专业性，也包括教育专业性。国家对教师任职既有规定的学历标准，也有必要的教育知识、教育能力和职业道德要求。第二，国家有教师教育的专门机构、专门教育内容和措施。第三，国家有对教师资格和教师教育机构的认定制度和管理制度。第四，教师专业发展是一个持续不断的过程，教师专业化也是一个不断发展的，它既是一种状态，又是一个不断发展、不断深化的过程。

二、教师专业化理论的发展历程

1. 国外

教师专业化的观点是在 20 世纪 60 年代，首先由欧美一些国家的学者和机构正式提出和研究的，这种专业化思想浪潮，极大地推动了许多国家教师教育新理念和新制度的建立。现在，教师专业化已经成为促进教师教育发展和提高教师社会地位的成功策略。

20 世纪以后，世界上发达国家和地区的教师职业教育，先后经历了从中等教育水平的师范学校教育到高等教育程度的师范学院教育，从师范学院的独立培养到综合大学的本科教育，并逐步形成了教育学士、教育硕士、教育博士的教师教育体制。这一转变的实质，既是教师教育的质量升级，也是教师专业水平的规格提升。

1986 年，美国的卡内基工作小组、霍姆斯小组相继发表《国家为培养 21 世纪的教师作准备》《明天的教师》两个重要报告，同时提出以教师的专业性作为教师教育改革和教师职业发展的目标。报告倡导大幅度改善教师的待遇水平，建议教师培养从本科教育阶段过渡到研究生教育阶段。这两个报告对美国教师教育的发展产生了深远的影响。

1996 年，联合国教科文组织召开的第 45 届国际教育大会提出，"在提高教师地位的整体政策中，专业化是最有前途的中长期策略"。

2. 国内

20 世纪 30 年代，我国学者提出一种鲜明观点，教师不单是一种职业，而且是一种专业，性质与医生、律师、工程师类似。当时，对教师职业化仍未形成共识，认为教师职业有一定的替代性，误认为只要有一定的学科知识就能当教师。

1994 年我国开始实施的《中华人民共和国教师法》规定"教师是履行教育教学职责的专业人员"，第一次从法律的角度确认了教师的专业地位。

1995 年国务院颁布《教师资格条例》，2000 年教育部印发《〈教师资格条例〉实施办法》，教师资格制度在全国开始实施。2000 年，我国出版的第一部对职业进行科学分类的权威性文件《中华人民共和国职业分类大典》，首次将我国职业归并为八大类，教师属于"专业技术人员"一类。2001 年，国家首次开展全面实施教师资格认定工作，2016 年首次实行教师资格证注册和全国教师管理信息录入工作。

三、教师专业化发展的意义

教师专业化是现代教育发展的必然结果，是现代教育与传统教育的重要区别。现代教育是一种具有科学性、民主性和发展性的教育；随着社会的不断进步，以教师专业化为核心的教师教育成为当今世界教育的共同特征。

提高教师专业化水平是世界各国教育发展的共同目标。确认教师职业的专业性、推进教师专业化进程，一直是相关国际组织和各国政府努力的目标，也是世界各先进国家提高教师质量的共同战略。20 世纪 60 年代国际劳工组织和联合国教科文组织在《联合教科文组织/国际劳工组织 1996 年关于教师地位的联合建议》中，首次以官方文件形式对教师专业化做出明确的说明。紧随其后，欧美国家提出以"确立教师专业性为教师教育改革和教师职业发展"的政策目标，教师专业化的观念成为当代国际社会的共识。

作为承担着世界上最大规模的中小学教育的国家，尽管我们的教师教育目标在一定程度上已经达到了专业化标准的要求，但是与发达国家相比，教师专业化尚存在一定差距。随着教育改革的不断深化，我国的教师质量与全面实施核心素养教育要求的差距非常明显。改革与发展教师教育，推进我国中小学教师的专业化发展势在必行。

教师教育一体化、建立开放的教师教育体系，改革教师教育课程和走向专业发展的教师继续教育，是世界教师教育改革的趋势，也是我国提高教师专业化水平、教师教育改革与发展的方向。

第二节　化学教师的素养

教师素养是在教育教学中表现出来的，决定教育教学效果，对学生身心发展有直接而显著影响的心理品质的总和。"核心素养"的教育观念，要求教师树立全新的课程理念，实现教师角色的根本性转变。探讨现代化学教师素养构成具有重要的意义，它不仅是素养教育和社会发展的需要，也是化学教师适应课程改革的需要。

一、化学教师素养构建的依据

构建现代化学教师素养要充分考虑以下几个方面：一是现代教师职业本身的独特性。教师是独特的专业人才，要有全面教育学生的能力，在教育过程中的操作还必须娴熟、规范，具有示范性和创造性。二是未来教育发展的趋势和特点。教师应前瞻性地看到未来教育具有重视素养教育、终身教育、创造教育和主体性教育的特点。三是新世纪教育理论创新的特点，尤其是新课程改革的需要。

二、化学教师素养结构

1. 具备健全的身心素质

健全的身心素质是其他素质的保障，教师只有具备健全的身心，才能胜任教师的工作。健全的身心素质包括健康的身体素质和心理素质。一个教师若要胜任繁重的教育教学工作，必须具备健康的身体素质。心理素质包括智力因素（注意力、观察力、记忆力、想象力和思维力）和非智力因素（动机、兴趣、情感、意志、性格等），只有具备良好的智力因素和非智力因素，教师才能顺利而持久地开展工作和创造性地开展工作。

2. 具备现代的教育理念

现代的教育理念是整个现代化学教师素质结构中重要的组成部分，是形成化学教师具体素养的先导。它包括新的教师观和新的学生观：教师已经从知识传授者变为集多角色于一身的促进者、引导者、研究者、建设者、开发者等；学生也不再仅仅是接受知识的容器，而是具有能动性、主体性、创造性、发展性的人，是可以点燃的火把。因此，针对新课程教学的特点，教师在教学中要结合实际情况，既要研究教材、开发课程资源，形成自己的教材观；又要引导学生自主建构知识、在学习过程中形成对问题的合理解释，促进学生能力的提升。

3. 具备合理的知识结构

现代教师合理的知识结构由三大系统组成：广博的科学文化知识、精深的化学专业知识、丰富的教育理论知识。

精深的化学专业知识是教师合理知识结构的核心，是教师胜任教育教学工作的基础，是履行教师职责的专业要求。具备精深的专业基础知识，才能够顺利地从事具有科学性的化学教学，并且很好地反映其科学规律。除此以外，还需要广博的科学文化知识和丰富的教育理论知识。前者涉及自然科学和人文科学的基本知识，以及熟练运用这些知识，培养学生的科学素养；后者是指教师要学习教育学、心理学、教学论、教育测量学、教育评价学、教育伦理学、教育技术学等课程，这些理论的学习有助于教师理解教育政策、课程目标，形成正确教育观念，提升教研水平，有利于教师的专业发展。

4. 具备完整的能力结构

现代教师的能力结构素质指教师成功地完成教育教学活动所必需的个性心理特征，它在教育教学中体现，又在教育教学中发展，它在教师的素质结构中处于核心地位。

教师的能力结构一般由四个要素组成。一要具备课堂教学能力，它是现代教师的能力结构素质中的核心部分。要顺利地完成一堂课，教师要有有效的教学设计能力、出色的组织调控能力、良好的语言表达能力以及合理的教学评价能力。二要具备良好的交流沟通能力，能为融洽的师生关系和顺利地完成教学工作奠定基础，它是整个教师能力素质结构的基础。三是必须具备自我发展能力。现代教师要有计划地参与继续教育学习，以使自己能够及时更新知识，补充学术养料，提高教育能力。四是有一定的教育研究能力。在教学中发现问题，在研究中解决问题，以教促研，以研促教，在新课程改革中产生成果、作出贡献。

总之，现代教育理念必须要通过教育实践才能得到具体的落实。教学是教师和学生的互动过程，也是师生共同发展的过程；现代的教学过程倡导人人参与，师生平等对话，学生在合作与交流过程中进行知识的意义建构。探究式教学是化学教学的主要方式。如何在化学教学过程中落实"学科核心素养"，离不开教师的主动参与、深入研究，在教学改革中提升职业素养。

三、学者型化学教师的养成

"核心素养"主导下的教育改革，全面发展教育、创新教育、研究性学习、终身学习等现代教育观念逐渐成为我们的教育主题。面对新课程改革的迫切需要，每一位教师都要树立新的教师观：如何从一个合格的教师，成长为全面发展的学者型教师。

1. 学者型教师的特征

现代教育理论认为，学者型教师即专家型教师、科研型教师。扎实的知识结构和过硬的专业技能是学者型教师的基础，教育观念先进是学者型教师素养的核心。因此，我们把知识结构合理、专业技能过硬、有现代教育观念、从事教育研究的教师称为学者型教师。

2. 学者型教师的知识结构

学者型教师不仅知识面很宽，而且教育研究质量上乘。他们不仅对问题的深层结构敏感，而且还能结合学科特点渗透科学方法论、创新精神、人文素养、科学价值观等。

学者型教师的知识结构构成：

（1）扎实的专业教育知识　熟练掌握化学专业所涉及的经典化学知识和教师必备的教育科学基本理论知识。

（2）化学与 STSE 相关的知识　当代化学教育发展的新方向是化学与科学、技术、社会和环境相联系，其核心是全面反映科学技术的本质及其与社会的关系。学者型教师能结合人们最关心的健康、环境、资源、水源及食物等焦点问题展开教学，使学生能解决未来生活与化学有关的问题，了解化学学科的前沿知识，了解与化学相邻的其他学科知识，便于拓宽学生的视野与思维。

（3）结合化学史渗透科学方法论　结合化学史进行教学，使教学不只局限于现在知识的静态结构，还可以追溯到它的来源和动态演变，揭示其中的科学思维和科学方法论，培养学生的科学思维和科学品德。

（4）结合教材内容渗透人文素质教育　学者型教师应结合具体学科知识，使学生对社会伦理准则有所理解并产生热烈的情感，从而培养其积极的科学态度与社会责任感。

3. 学者型教师的教学技能和策略

掌握策略性知识是学者型教师进行策略式教学的基础和前提。在课堂上不仅关注"教什么""怎么教"，还能有效地进行学法指导，在教学过程中培养学生的"素养核心"。

（1）善于运用教学策略　一个经验丰富、教学策略掌握好的学者型教师，必须具备：①专业知识；②课程知识；③普通教学知识；④学科教学论知识；⑤学生教育心理知识；⑥教学组织知识；⑦教学调控等方面的知识。其中④⑤⑥⑦属于策略性知识，即研究"怎么教""为什么这样教"的问题，属于创造性的劳动。

（2）有意识地开展学习方法指导　教会学生学习是"核心素养"教育的一项战略任务，是针对我国学生在学习中存在的问题而提出的。学者型教师能针对学生学习规律进行方法教学，把握学生的学习风格进行个别教学，根据教学内容、教学情景进行针对性教学。善于研究教学规律，形成自己的教学风格。

在我国教育转轨阶段，以新的视角开展科学探究教学，培养学生的科学方法，挖掘教材中的育人价值，是学者型教师的当务之急。

（3）提升反思能力　教师反思能力是指教师在职业活动中，将教学活动及自我作为意识对象，不断进行主动的检查、评价、反馈、控制和调节的能力。学者型教师不仅要对自身的教育经验、教学策略进行反思、提高，形成自己的教学风格，而且还要对教育教学的一般规律进行反思。

4. 教育研究是学者型教师养成的重要路径

重视教育研究是教师提升自身素质的重要路径，也是衡量教师素养和价值的重要指标。学者型教师要适应素质教育的要求，熟悉现代教育研究的主要方法和手段，了解国内外教育改革的动态及趋势，以现代教育理论为指导，以教学实践为基础，以教育规律和教学原则为依据，选择有价值、可行性、实用性的素材，运用调查、研究、提炼、综合、创新等方式，探索、总结新经验、新方法，形成新观点、新理论。

教育研究能力包括教研意识、方法和精神，它是教师教研素质的核心成分。学者型教师不仅要丰富和完善原有的教育实践理论，发展自己的研究能力，而且要有意识地用最新的教育理论来指导自己的教育实践，将教育理论实践化、系统化。并在此基础上，经过反思、创新、发展，形成自己独特的教育理论体系和教育实践经验，成为社会化的学者型教师。

实践证明，教师以研究者的身份置于教育情境，以研究者的眼光审视教育活动，并以研究者的精神不断发现问题，解决问题，其教育质量必然大幅提高。

第三节　新课程理念下化学教师素养的提升

教师素质的全面提高是实施素养教育的基本保证。必须提高化学教师的思想品德、业务知识、心理素质等自身素养，以适应新课程教学的要求。

一、锤炼师德、率先垂范

作为人才培养者的教师，不仅要通过知识传承去影响学生，更要通过自己的言行教育学生。教师这一角色特征，必须要加强自身的品格和道德修养，热爱教育事业，增强责任感，全身心地投入教育教学工作。

二、更新观念、努力进取

1. 注入爱心、改善师生关系

尊师爱生是一种社会美德。因此，需要化学教师爱生如子，既不能因学生的家庭地位、状况不同而有差异，也不能因教师与学生家庭私人关系交往的程度不同而有区别。教师对学生的爱不是盲目、抽象的，而是一种在深入了解学生的基础上，针对每一个学生具体的情况而赋予的具体的爱。教师既要尊重学生，保护学生，又要严格要求、耐心教导学生；尊重不是放任，目的在于促进学生全面、健康发展。因此，尊重学生应成为新世纪教师工作的出发点，教师对学生的关心、尊重会换来学生对教师的尊重和爱戴，并能把这种爱迁移到学习上。

2. 转变角色、增强服务意识

教师在新课程实施中的最大变化就是角色转变。这就要求教师增强服务意识，帮助学生确定适当的学习目标，并确认和协调达到目标的最佳途径；指导学生形成良好的学习习惯，掌握学习策略；创设丰富的教学情境，激发学生的学习动机和学习兴趣，充分调动学生的学习积极性；使学生在宽松、愉悦的环境中提高学习效率，增强学习的信心，适应新课程的要求。

3. 勤于学习、养成新课程理念

（1）学会使用化学课程标准　教师要认真学习化学课程标准，了解它的主要特点和功能。如：课程标准突出强调要改变学生的学习方式；强调化学与科学、技术和社会相联系；重视并强化评价的诊断、激励与发展功能；强调培养学生的科学素养；等等。当然教师还要学习现行的《化学考试说明》，熟悉教学内容、目的、要求及教学中应注意的问题等。这样有利于转变教师的教学理念，提升教师适应新课程的能力。

（2）学会使用教学资源　教师应充分认识现代教育技术在基础教育创新中的地位和作用，善于运用现代教育技术手段达成课程教学目标。运用现代教育技术扩大教学信息容量、增强直观效果、激发学生兴趣、提高教学效率。教师要充分利用教学网站获取资料制作课件和微课素材；利用优秀教师的教学案例，认真学习，积累经验，提高教学能力。

（3）树立终身学习的理念　在目前教育环境中，教师不仅要加强对专业知识的学习，更要加强对现代教育教学理论的学习。同时，还应制定个人专业发展计划，加强自身修养，保持良好的专业阅读习惯，了解专业领域的最新发展，从而提高教育教学能力。

（4）自我激励，竞争成长　教育管理心理学认为，在需要得到满足的过程中，激励起着强化动机、改进行为、达成目的并最终获得满意的一种催化作用。作为一名教师，要不断加强修养，不断参与教师培训学习，努力提高自身素质，成为一名合格的教师。不断设计自培目标，参加多种竞赛；主动参与，在竞赛中提升自己的科学素质和创新能力。

三、调节心理、增强体质

随着基础教育改革的不断深化，中小学人事制度改革的推进及新课程改革对教师的要求，一些教师在心理上产生了思想障碍，觉得压力大、任务重，难以适应新的教学环境。对于精神压力大、教育教学成绩难以提高的教师，要多思考自身工作中可能存在的问题，找出对策，提高自信心，提高自身素质，集中精力投身于教学。同时还应加强体育锻炼，增强身体素质，以适应繁重的工作。

总之，只要化学教师着意投身于教育教学，锐意进取，努力提高自身素质，相信能在新课程改革中结出累累硕果。

参考文献

[1]　刘知新. 化学教学论[M]. 5版. 北京: 高等教育出版社, 2018.
[2]　王克勤. 化学教学论[M]. 北京: 科学出版社, 2006.
[3]　江家发. 化学教学论[M]. 安徽: 安徽师范大学出版社, 2014.
[4]　郑长龙. 化学课程与教学论[M]. 2版. 长春: 东北师范大学出版社, 2005.
[5]　张菁. 在反思中促进教师专业成长——"教师发展学校"中教师的反思[J]. 教育研究, 2004, 25(8): 6.
[6]　曾天山. 诊断我国教师专业化发展[J]. 校长阅刊, 2007, 56(z2): 103-107.